물 따라 바람 따라

바다 흐름의
비밀

물 따라 바람 따라 **바다 흐름의 비밀**

초판 1쇄 발행일 2022년 10월 31일

지은이 전동철
펴낸이 이원중

펴낸곳 지성사 **출판등록일** 1993년 12월 9일 **등록번호** 제10−916호
주소 (03458) 서울시 은평구 진흥로 68, 2층
전화 (02) 335−5494 **팩스** (02) 335−5496
홈페이지 www.jisungsa.co.kr **이메일** jisungsa@hanmail.net

ISBN 978−89−7889−508−8 (04400)
ISBN 978−89−7889−168−4 (세트)

잘못된 책은 바꾸어드립니다. 책값은 뒤표지에 있습니다.

물 따라 바람 따라

바다 흐름의
비밀

전동철
지음

지성사

차례

썰물을 따라 넓게 펼쳐진 갯벌을 걸어가면서 대나무 낚싯대에 추를 매달아 망둑어를 낚던 어린 시절이 생각났다. 무릎 깊이만큼 잠기는 펄에서 낚시를 하다가 작은 꽃게에 엄지발가락을 물렸던 기억도 있고, 마치 통 속의 회색 아이스크림이 튜브 아래에 있는 아이스콘 위에 돌돌 말리며 쌓이듯 갯벌을 걸을 때마다 발가락 사이를 비집고 나오는 갯벌 진흙이 발가락을 간지럽히던 감촉이 새롭게 다가온다.

집으로 돌아가기 전, 팔과 손등에서 말라버린 허연 소금기를 침을 묻혀 지우다가 문득 저무는 해와 햇살 아래 반짝거리는 저 수평선 위로 인어가 솟아오르는 모습을 상상하기도 했다.

어린 시절의 이런 기억들이 바다에 관한 학문적 궁금증으로 자라나서 해양학자의 길을 걷게 되었고, 이제 바닷물의 흐름이 지구 기후와 생태, 그리고 인간에게 미치는 영향에 관한 끝없는 호기심을 청소년과 지구과학을 사랑하는 일반인에게 조금이라도 전달할 수 있으면 좋겠다는 바람으로 이 책을 쓰기에 이르렀다.

바다와 대기는 해수면을 경계로 액체와 기체가 서로 열에너지와 운동량, 물질을 주고받는 하나의 유체 시스템이다. 그래서 바다의 흐름은 대기의 운동에 절대적인 영향을 주는 기후 조절자이며, 바다와 대기는 지구가 끌어당기는 중력으로 지구를 둘러싸고 있다.

1장에서는 이 둘을 움직이는 달과 태양의 크기와 그 인력의 상대적 세기에 대해 설명하고, 2장은 지구상에 존재하는 여러 가지 바람, 3장은 바람이 해수면에 일으키는 파도, 4~6장에서는 중력에 관한 자세한 설명과 함께 1장에 소개한 태양, 지구, 달 사이의 인력의 변화가 해수면의 높이(조석과 해수면 상승)와 바닷물의 흐름(조류와 해류)에 미치는 영향, 7장은 대양의 표층해류 중 가장 두드러진 서안경계류인 쿠로시오와 걸프스트림을 소개하고, 8장은 액체인 바다와 기체인 대기 사이에 일어나는 상호작용, 9장에서는 바람이 바닷물을 끌어올리는 용승 현상의 조건, 10장은 최근 빈번하게 나타나는 이상기후, 11장에서는 태평양의 대표적인 해양−대기 상호작용인 엘니뇨와 인도양의 쌍극 모드, 12장은 대양 순환의 원동력인 남극순환류, 13장에서는 남극순환류가 마치 통돌이 세탁기가 돌듯이 돌면서 대서양과 태평양, 인도양에 바닷물을 공급하여 대양 심층순환을 일으키는 원리를 설명했다. 마지막으로, 지구의 미래와 인류의 공존번영을 위해 개인과 국가가 해야 할 일을 지구과학자의 시각으로 조명해 보았다.

　　독자들의 이해를 돕기 위한 그림을 일부 참고한 자료에서 발췌하기도 했으나, 정확한 해양학 지식을 좀 더 알기 쉽게 설명하기 위해 적합한 그림이 없어 지구 자전과 대기 순환, 표층해류도, 에크만 해류(취송류)의 개념을 듣고 멋진 그림을 그려준 사랑하는 딸 나연, 하연에게 고마움을 전하며, 초고 리뷰를 기꺼이 수락해주신 장연식 박사님과 도서출판 지성사의 정성 어린 교정과 조언에도 감사드린다.

01

——

태양, 지구, 달

태양, 고대 인류의 숭배 대상

고대 인류가 태양을 숭배한 이유는 태양이 지구상 생물의 생존에 절대적으로 영향을 미치는 에너지와 빛의 원천이기 때문이다. 지구상에 존재하는 육상의 모든 동식물과 태양 빛이 미치는 모든 수중 동식물에게 태양은 빛과 열을 제공하는 생명의 원천임에 틀림없다. (물론, 심해 열수분출구* 주변에는 태양열에 의존하지 않고 지구 내부에서 뿜어져 나오는 열에너지에만 의존하여 살아가는 열수생물이 존재하고 있으며, 열수분출구가 수명을 다할 때까지 열수생물군락의 생태계가 유지되지만, 해양과학자들조차 그런 사실을 약 50여 년 전까지 까맣게 몰랐다.) 이는 인간에게도 마찬가지여서 고대 인류의 거의 모든 종족에게 태양이 가장 보편적인 숭배의 대상이 되었던 것은 조금도 이상하지

---

*심해 열수분출구는 해저 화산활동의 일부로, 끊임없이 마그마의 화학성분과 바닷물의 상호작용에 따라 '흰색' 또는 '검은색'의 굴뚝 연기처럼 보이는 열수를 분출한다. 열수분출구는 주변 해저의 마그마 활동 여부에 따라 수십~수천 년의 수명을 유지하며, 이제까지 발견된 열수분출구에는 제각각 독특한 생태 군락이 형성되었고, 발견된 장소와 모양에 따라 고유한 이름을 붙였다.

않다. 따라서 인류는 대부분 태양신이 존재한다고 믿었다.

우리나라 단군신화에서 환웅의 아버지이며, 단군의 할아버지인 환인은 하늘의 신이며 태양숭배 사상에서 비롯된 존재이다. 그리스-로마 신화의 '아폴론(또는 아폴로)'은 태양과 예언, 궁술, 의술, 음악 등을 주관하는 신이다. 또한 '수리야'는 힌두교의 대표적인 태양신이며, 남부 메소포타미아의 수메르 신화에는 '우투'라는 태양신이 등장한다. 이집트 신화에는 특이하게 아침(케프리), 낮(라), 저녁(아툼)에 따라 이름이 다른 태양신이 등장한다. 그 외에도 인류의 거의 모든 문명과 종족의 신화에 어김없이 등장하는 태양신은 그만큼 인류에게 절대적 존재로 숭배되어 왔다.

그림 1-1 이집트 신화에서는 특이하게 하루 중 아침(왼쪽), 낮(가운데), 저녁(오른쪽)의 태양신이 각각 다른 이름으로 등장한다.

지구의 자전과 공전

　지구에서 태양까지의 거리는 약 1억 5천만 킬로미터 (=150,000,000km) 정도이지만, 태양 내부에서는 끊임없는 수소 핵융합으로 에너지가 발생한다. 태양 중심의 온도는 무려 섭씨 1500만 도에 이른다고 하며, 태양 표면에서조차 약 6,000 도에 달해 태양계의 모든 행성으로 빛과 열을 발산한다.

　이렇게 발산되는 어마어마한 양의 태양의 열에너지는 지

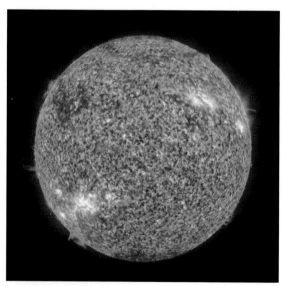

그림 1-2 태양 표면의 온도는 섭씨 6,000도이며, 태양 중심의 온도는 1500만 도에 이른다.

구상 동식물이 살아가는 데에 절대적인 영향을 미치면서 지구 생태계를 유지할 뿐만 아니라, 지구 대기와 바다를 구성하는 유체의 흐름에도 원동력으로 작용하고 있다.

지구 표면은 71퍼센트의 바다와 29퍼센트의 육지로 덮여 있으며, 지구 대기는 지구 중심으로부터 잡아당기는 중력에 의해 수십 킬로미터의 대기층을 형성한다. 그중 99퍼센트의 공기는 성층권(成層圈) 안에 모여 있고, 약 10킬로미터 이내의 대류권(對流圈)에서 대부분의 공기가 대류운동(對流運動)을 한다.

태양열에 대기 중의 공기가 데워지면 기압과 밀도 차이가 발생하고, 해수 표면을 통해 바닷물이 가열되면 대기와 바다의 흐름이 일어난다. 이처럼 지구의 대기와 바다는 해수면을 경계로 기체인 대기와 액체인 바다가 서로 에너지와 운동량, 물질(수증기)을 주고받는 유체 시스템이라 할 수 있다.

이러한 유체 시스템에 태양의 열에너지가 고도에 따라 각각 다르게 주입됨으로써 태양의 고도가 높은 열대지방에서는 많은 열을 흡수하여 대기와 바닷물이 더 많이 팽창하고, 태양의 고도가 낮은 고위도 지방에서는 태양열이 덜 주입되어 일차적으로 위도에 따른 밀도의 차이가 발생한다. 대기에서 이웃한 기단 사이의 밀도 차이는 기압의 변화를 일으키고, 바다에서 이웃한 수괴(水塊, 물덩어리) 사이의 밀도 차이는 수압에 의한 흐름을 일으키는 것이다. 또한 대기의 밀도 변화에 따른 기압 차이로 바람이 불어 경계면인 해수 표면에 파도와 해류를 일으키기도 한다.

지구의 크기는 극점으로부터 적도까지의 호(弧) 길이가 약 10,000킬로미터, 반지름이 약 6,400킬로미터이지만, 남극점이나 북극점에서 지구 중심까지의 길이보다 적도에서 지구 중심까지의 길이가 조금 더 길다.* 지구가 자전하는 중심축은 태양계를 기준으로 23.5도 기울어졌으며, 지구 표면에 도달하는 태양복사열은 태양과 지구 표면 사이의 거리보다 태양의 남중 고도에 따라 크게 차이가 있다. 그것이 바로 적도 주변의 열대지방이 일 년 내내 덥고, 남극대륙이나 북극해 주변의 고위도 지방이 추운 이유이다.

한편, 지구의 위성인 달이 지구의 조석(潮汐)과 조류(潮流)에 미치는 영향은 태양보다도 더 크다. 그 이유는 달의 반지름이 약 1,700킬로미터에 질량이 지구보다 훨씬 작고(태양에 비하면 비교가 안 될 정도로 작지만), 지구에서 달까지의 거리가 지구에서 태양까지의 거리보다 훨씬 짧아서 태양이 지구에 미치는 효과보다 상대적으로 크다.

---

* 지구 중심에서 적도까지의 길이는 중심에서 남극점(또는 북극점)까지의 길이보다 약 20킬로미터 이상 더 길다.

그림 1-3 떡방아 찧는 옥토끼로 묘사되는 상상 속의 달(왼쪽)과 실제 달 표면(오른쪽)

달의 공전주기는 27.3일로 흥미롭게도 달의 자전주기와 같아 우리는 항상 달의 같은 면만 마주하고 있다. 그리고 지구의 적도면에 대해 달의 공전궤도*가 5도 기울어져 있다는 사실과 지구의 공전궤도에 대해 지구의 자전축이 23.5도 기울어져 있다는 사실은 지구상의 한 점에 작용하는 태양과 달의 인력이 복잡하게 달라질 수 있음을 의미한다. 또한 이 것은 지구와 태양, 달의 공간적 배치와 지구의 자전에 따라 지구상의 한 지점(위도, 경도)에 위치한 바닷물에 대해 달과 태양이 끌어당기는 합력이 복잡한 주기의 조석 성분을 만들

---

* 편의상 달의 공전이라고 표현했지만, 실제로 지구와 달의 '질량중심' 주변으로 지구와 달이 함께 회전하는 쌍극 회전체 모양이며, 그 질량중심은 지구 중심으로부터 약 4,750킬로미터 거리에 해당하므로 지구 내부에 위치한다.

어낼 수 있음을 암시하고 있다.

 강물은 육상의 상류에서부터 흘러 바다로 합류하는데 바닷물은 어디서부터 어디로 흐르는가? 바닷물의 운동에 영향을 주는 것은 무엇인가? 바닷물은 대기에 어떤 영향을 주는가? 대기와 바다 사이에 어떤 상호작용이 일어나고 있는가? 가뭄과 폭염, 태풍과 홍수, 지구온난화와 이상기후는 왜 발생하는가? 우리는 왜 날씨 이외에도 깊은 바다에 대해 알아야 하는가? 이 책은 이런 질문에 대한 해답의 실마리를 제공하고, 바다와 인류의 미래에 관심을 가지는 청소년 독자들이 더 많아졌으면 하는 바람으로 집필했다.

 좀 더 구체적으로, 고대 인류에게 경외의 대상이었고, 빛과 열로 지구 생명의 원천을 제공하는 태양, 그리고 우리네 민간설화에도 등장하듯이 옥토끼가 떡방아 찧는다고 믿어 왔던 달의 천체운동이 지구의 바다와 대기에 어떤 영향을 미치는지 알아보기로 한다.

 또 지구의 모든 해저 평원과 해저 골짜기에서부터 해안선에 이르기까지 소금물로 채워져 있는 바다의 유체운동과, 해수면에서 위로 수십 킬로미터에 이르기까지 질소와 산소를 주로 포함한 대기의 기체운동에 어떠한 영향을 미치고,

대기와 해양 사이에 어떤 상호작용이 있으며, 바다에서는 어떤 흐름이 어떻게, 왜 존재하는지 살펴본다.

마지막으로, 산업혁명 이후 인류가 화석연료를 태워 대기 중에 방출한 이산화탄소가 지구온난화의 주범이 되어 지구촌 곳곳에서 환경파괴의 재앙을 일으키고 있는 요즈음, 인류의 공존번영을 위해 바다를 어떻게 이해하고 보존해 나아가야 할지 함께 고민하는 기회가 되었으면 한다.

02

작은 바람, 큰 바람

산바람과 골바람, 육풍과 해풍

어린 시절 햇볕이 쨍쨍 내리쬐는 한여름, 땀을 뻘뻘 흘리며 바닷가에서 대나무 가지로 망둑어 낚시를 하다가 순간 바다에서 불어오는 바람이 이마를 시원하게 때리던 기억이 있다.

동산 언덕에 자리 잡은 중학교 교정에는 축구를 하기엔 너무 좁아 두어 사람만 뛰어도 흙먼지가 풀풀 날리는 운동장이 있었다. 어쩌다가 공이 학교 담장을 넘어가면 언덕 아랫마을 집터까지 수백 미터 이상 굴러가기 일쑤였다. 그렇게 공을 찾으러 아랫마을까지 내려갔다 올라오면 얼굴과 겨드랑이는 땀범벅이 되었고, 어느덧 점심시간도 다 지나가 그날 축구는 그것으로 끝나는 경우가 많았다. 그 언덕을 올라오면서 어디선가 불어오는 시원한 바람에 잠시 더위를 잊고 그 자리에 한동안 서 있었던 기억도 있다.

어떤 물질 1그램을 섭씨 1도 올리는 데 필요한 열량(에너지)과 물 1그램을 섭씨 1도를 올리는 데 필요한 열량의 비를 비열(比熱)이라고 한다. 이를 기준으로, 육지(땅)를 1도 올리려면 바다(물)보다 훨씬 적은 열량이 필요하다. 즉, 육지는 바다에 비해 '비열'이 훨씬 작아 같은 열량을 가했을 때 더 빨리 가열되어 그 복사열에 따라 가벼워진 육지 위의 공기가 상승하고, 바다 위에 머물던 무거운 공기가 그 빈자리를 채우게 된다. 이것이 한낮 땡볕 더위에 '해풍(海風)'이 부는 원리다.

반대로 밤에는 육지가 바다보다 더 빨리 식고 육지 위의 공기가 열을 빨리 빼앗겨 차가워지므로 밀도가 높아지며(즉, 무거워지며), 육지보다 덜 식은 바다 위의 공기는 육지 위의 공기보다 천천히 식으므로 육지 위의 공기보다 상대적으로 밀도가 낮은(즉, 가벼운) 바다 위의 공기를 밀어 올리는 '육풍(陸風)'이 불게 된다.

육풍과 해풍이 부는 원리를 태양복사열에 의해 공기의 밀도가 부분적으로 변하는 육지의 산(언덕)과 골짜기에 적용해 보자. 한낮에 복사열을 받은 언덕 위의 공기는 가열되어 가벼워져 상승하고, 햇볕을 받지 못한 골짜기 안의 공기는 여전히 차갑고 상대적으로 무거워 수직 상승기류를 타고 언덕 위의 공간을 채우는 쪽으로 '골바람'이 되어 이동할 것이

해풍(海風)

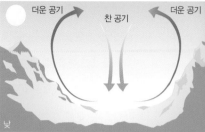
더운 공기   찬 공기   더운 공기

낮   낮

육풍(陸風)

찬 공기   더운 공기   찬 공기

밤   밤

그림 2-1 해풍(위)과 육풍(아래)   그림 2-2 골바람(위)과 산바람(아래)

다. 그러나 해가 지면 사방으로 트인 언덕 위의 공기가 갇힌 골짜기의 공기보다 더 빨리 식어 상대적으로 더 무거워지므로 골짜기 쪽으로 '산바람'이 불게 된다.

　하루 중 낮과 밤에 태양복사열을 받아들여 가열 또는 냉각되는 속도의 차이에 따라 부는 해풍과 육풍에 비해, 연중 여름과 겨울의 기압 배치가 반대로 바뀌어 부는 바람을 계절풍(몬순)*이라고 한다. 우리나라 주변의 계절풍은 여름

---

* '몬순(monsoon)'이란 아라비아어의 계절을 뜻하는 마우짐(mausim)으로, 그 어원은 반년을 주기로 방향이 바뀌는 바람을 뜻한다.

에는 남동쪽에 '북태평양 고기압', 북서쪽에 '시베리아 저기압'이 형성되어 '남동계절풍'이 불고, 겨울에는 반대로 '시베리아 고기압'이 대륙 쪽에, 바다 쪽에는 호주 북부와 인도네시아 쪽에 저기압이 형성되어 일반적으로 우리나라 주변에는 '북서계절풍', 우리나라를 지나 열대 태평양 쪽으로는 동쪽으로 꺾여 '북동계절풍'이 분다.

고기압 중심에는 상대적으로 기압이 낮은 주변부로 바

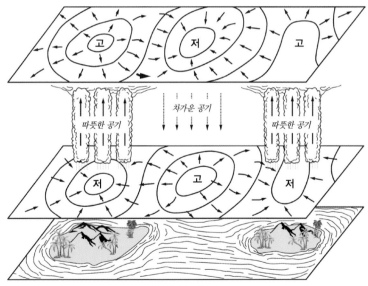

그림 2-3 한낮에 두 개의 섬 쪽으로 부는 해풍과 기압의 배치에 따라 고기압에서 저기압으로 바람이 부는 계절풍(몬순)이 같은 원리임을 나타낸 모식도

람이 하강하여 흩어지는 하강기류가 흐르고, 반대로 저기압 중심에는 상대적으로 기압이 높은 주변부에서 공기가 모여 상승기류가 발달한다. 일반적으로 하강기류가 흐르는 고기압 주변에는 날씨가 맑고, 상승기류가 흐르는 저기압 중심으로는 수분(구름)이 많아져 날씨가 흐리다. 육풍(밤)과 해풍(낮)은 시간규모가 하루인 반면, 계절풍의 시간규모는 일 년(여름과 겨울)이라는 차이가 있을 뿐, 계절풍이 부는 원리는 하루 중 해풍(낮)과 육풍(밤)이 부는 것과 같은 이치다.

토네이도와 용오름

'강력한 회오리바람'으로 잘 알려진 '토네이도(tornado 또는 트위스터twister)'가 발생하는 원인은 아직 정확하게 알려져 있지 않다. 우리나라에서는 봄철 또는 여름철에 적란운(積亂雲, 수직 방향으로 높게 발달한 구름으로 구름 아래로는 보통 소나기가 내린다)의 내부에 소용돌이가 생기면서 깔때기 모양으로 지표에 내려올 때 지표면에 따뜻한 공기가 남아 있으면 이 소용돌이에 말려 들어가는 형태의 강한 상승기류인 '토네이도'가 발생하기도 한다.

대평원이 발달한 미국에서는 토네이도가 컨테이너 구조

물이나 트럭 따위를 날려 버리기도 한다. 강력한 토네이도가 휩쓸고 지나가면 웬만한 집의 지붕이나 목재 건물이 뜯겨 나가고, 더 심한 경우에는 집터와 나무 밑둥만 남기고 마을 전체가 송두리째 날아가기도 한다.

이렇게 파괴력이 강하고 피해도 크지만, 매우 국지적으로 발생하고 발생 시간도 매우 짧아 관측하기 힘든 경우가 많으며, 연구자들이 토네이도를 관측하려고 접근했다가 목숨을 잃기도 한다.

주로 평평하고 드넓은 평야지대에서 하층에 정체된 고기압이 안정적으로 자리 잡으면 토네이도가 발달하기 쉽다. 미국에서는 로키산맥에서 불어오는 차고 건조한 대륙성 한랭기단과 멕시코만에서 넘어오는 고온다습한 해양성 기단이 대평원에서 만나므로 토네이도가 발생하기 쉬운 조건이다.

이러한 조건에서 고온다습한 공기가 급격히 상승하면서 강력한 대기 불안정을 일으킬 수 있다. 이때 형성된 구름(적란운) 내부에 천둥과 번개에 의해 일시적으로 진공 상태가 된 공간으로 주변 공기가 빨려 들어감으로써 회오리바람이 발생하기도 한다. 또한 구름 속에서 회전하는 고온다습한 상승기류가 한랭 건조한 하강기류가 만나 수직으로 기울어지며 지면에 닿아 발생하는 토네이도는 불안정한 대기 조건으로 흔히 폭우와 우박을 동반하기도 한다.

한편, 산이 많은 우리나라 육지에서는 사실상 토네이도
가 발달하기 어렵지만, 바다에서는 토네이도의 일종인 '용오
름(waterspout)' 현상이 자주 발생한다. '용오름'은 흔히 여름철

찬 기류의 하강

따뜻한 기류의 상승

토네이도 회오리

지상에서
빨려 들어가는
파편들

그림 2-4 토네이도의 발생 원리

그림 2-5 육상의 '토네이도'

그림 2-6 해상의 '용오름'

에 따뜻한 제주도 또는 울릉도 주변 바다 상공에서 해마다 여러 차례 발생한 관측기록이 있는데 일반적인 토네이도보다 규모가 작고 풍속도 느려 파괴력이 상대적으로 약하다.

태풍과 허리케인

열대 바다에서 발생하는 태풍은 따뜻한 바다 표층의 에너지가 대기 중으로 수 킬로미터 이상 빨려 올라가는 '조건

불안정'* 상태가 형성되어 강력한 저기압 중심을 키워 가면서 이동하는 현상이다. 주로 넓은 해역에 걸쳐 높은 표층 수온이 분포하는 여름철(4~10월)에 집중적으로 나타난다. 물론, 열대 바다의 표층은 연중 따뜻한 수온을 유지하므로 대기 상태가 수직적으로 불안정해지면 '열대성 저기압'이 발생할 조건이 갖추어진다. 하지만 그 저기압이 증폭되어 세력을 키우려면 며칠 이상 바닷물의 열에너지를 계속 공급받아야만 한다. 따라서 이동 중에 세력을 충분히 키우기도 전에 수온이 한계치(섭씨 27도)보다 낮아지면 태풍으로 발달하지 못하고 소멸하고 만다.

태풍은 발생 지역에 따라 몇 가지 이름으로 불린다. 날짜변경선(날짜를 변경하기 위해 편의상 만들어 놓은 경계선)의 서쪽에서 발생하면 태풍(颱風, typhoon), 대서양을 포함하여 날짜 변경선의 동쪽에서 발생하면 '허리케인(hurricane)', 인도양과 남태평양에서 발생한 태풍은 '사이클론(cyclone)'이라고 한다.

연도별 태풍의 발생 건수는 대략 20~30건이지만, 발생 건수가 적다고 해서 태풍이 덜 발생했다기보다는 서태평양

---

*태풍이 발달하기 위한 '조건 불안정'은 섭씨 27도 이상의 수온이 높은 바닷물의 열에너지를 대기 중으로 수 킬로미터 이상 빨아올릴 수 있는 불안정한 대기 상태를 가리킨다.

의 난수풀(暖水풀, warm pool)*이 강화되는 라니냐(11장 참조) 시기에는 동인도양 쪽으로 발생 지점이 이동하여 '사이클론'으로 나타나기도 하므로 이러한 요인을 모두 고려해야 한다.

태풍은 최대 풍속이 초속 17미터 이하이면 '열대 저압부'로 구분하며, 중심부의 난기류 핵이 소멸되면 '온대저기압'으로 변질되기도 한다.

태풍은 지구 자전 효과에 의한 '코리올리의 힘(Coriolis force)'의 작용으로 북반구에서는 반시계 방향으로, 남반구에서는 시계 방향으로 회전한다. 태풍이 발달하면 그 중심에 비구름과 바람이 없는 '태풍의 눈'이 존재하며, 태풍의 위력이 강할수록 뚜렷해진다.** 보통 태풍의 눈은 지름이 20~50킬로미터이며, 초대형 태풍은 지름이 100킬로미터가 넘는다. 태풍의 진행 방향에서 중심부의 오른쪽이 왼쪽보다 풍속이 강한 편이며, 편서풍과 합쳐지는 남동쪽이 가장 바람이 센 구역이고, 풍속이 가장 약한 북서쪽은 수증기가 정체되어 비가 많이 내린다.

---

* 열대 서태평양의 상층에 넓게 분포하는 고온의 해수 구역을 가리킨다.
** 만약 태풍의 상층과 하층 사이에 이동속도의 차이가 발생하면 '태풍의 눈'이 뚜렷하게 보이지 않는다.

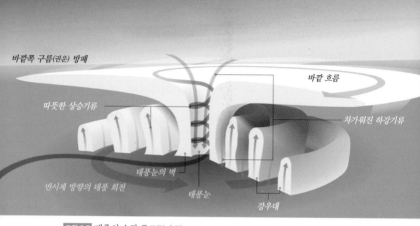

그림 2-7 태풍의 수직 구조(북반구)

무역풍과 편서풍

지구의 위도별 대기순환은 남북 방향으로 아열대의 '해들리 순환', 온대의 '페렐 순환', '극순환'의 세 구역으로 나뉘며, 적도 저기압대에서는 상승기류, 아열대 고기압대에서는 하강기류, 고위도 지방에서는 다시 상승기류가 발생한다. 이처럼 6개의 남·북반구 위도별 수직 순환은 지구 자전 효과에 따라 아열대에서는 '남동무역풍'과 '북동무역풍', 온대에서는 '편서풍', 극지방에서는 동쪽으로 제트기류가 흐른다.

한편, 두 개의 해들리 순환이 모이는 적도 지역에서는 바람의 세기가 가장 약한 '열대 수렴대(intertropical convergence zone, ITCZ)'가 존재한다. 선원들은 흔히 해수면 바람이 고요한 적도 지역을 가리켜 '적도무풍대(equatorial calm zone 또는 doldrums)'*라고 불렀다. 남동무역풍과 북동무역풍이 수렴하는 열대 수렴대와 적도무풍대는 정확하게 적도상에 있지 않다. 여름과 겨울에 각각 북위 4도와 북위 8도 내외로 변동이 있지만, 그림에서는 편의상 '적도저압대'로 표기했다.

지표면 부근의 공기가 매우 습하고 고온의 상승기류가 작용하는 열대 수렴대 주변에는 비가 많이 내려 '열대우림'을 형성하기도 한다.

'해들리 순환(Hadley Cell)'은 남동무역풍과 북동무역풍이 수렴하는 적도저압대에서 상승기류를 타고 형성된 구름이 비를 뿌리고, 상층에서 발산하여 아열대 고압대에서 지상으로 하강하는 기류가 발생하여 다시 적도 지역으로 수렴하는 적도~중위도(위도 0~30도) 부근의 남북 순환이다. '페렐 순환(Ferrel Cell)'은 아열대 고압대 상층 대기에서 해들리 순환과 수렴하여 하강기류가 발생하고, 지상에서 다시 고위도 쪽으로 발산하는 중위도~고위도(위도 30~60도) 남북 순환이다.

해들리 순환과 페렐 순환이 교차하는 위도 30도 부근의

---

* 적도무풍대에서 바람이 사라지는 것은 아니며, 바람이 주변부보다 약해지는 지대이다.

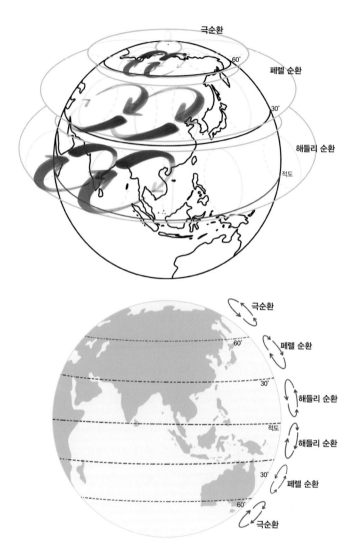

극순환

페렐 순환

60°

해들리 순환

30°

적도

극순환

60° 페렐 순환

30° 해들리 순환

적도 해들리 순환

30° 페렐 순환

60° 극순환

그림 2-8 6개의 남북 방향 대기 순환(위쪽 그림에는 편의상 북반구의 3개 순환만 표시했다.)

아열대 고압대에서는 증발량이 강수량보다 많아 건조한 사막이 많이 분포하고, 대양의 아열대 순환 중심부 바다에서는 특히 바닷물의 증발량이 강수량보다 많아 염분이 높게 나타난다.

극지방에서 차가워진 공기는 지상에서 적도 방향으로 흘러 위도 60도 정도에서 다시 상승할 정도의 열과 수분을 흡수한다. 이때 페렐 순환에서 극지방으로 이동한 공기와 만나면 서로 잘 섞이지 않는 불안정한 대기 상태로 상승한다. 이렇게 상승한 기류는 지구 자전 방향으로 빠르게 흐르는 제트기류를 형성하여 극지방을 중심으로 '극순환(Polar Cell)'을 이룬다.

03

여러 가지 파도

해신과 바람신

생계의 터전이 바다인 어촌에서 어부들의 목숨과 직결되는 거센 바람과 풍랑은 인류에게 오랜 공포의 대상이었다. 따라서 인류는 바람과 풍랑을 다스리는 해신의 존재를 믿었고 이를 숭배하며 제사(해신제)를 지내는 풍경은 지구촌 곳곳에서 볼 수 있다.

예부터 삼다도(三多島)라고 일컫는 제주도에 많은 세 가지는 바람, 돌, 여자라고 한다. 화산지형인 제주도에 돌(현무암)이 많고 바람이 센 것은 금방 수긍할 수 있지만, 여자가 남자보다 많다는 건 무슨 뜻일까?

전통적으로 물고기를 잡아 생계를 유지하는 해안이나 섬 지방에서는 물고기를 잡는 어부의 역할은 대체로 남성이 맡아 왔다. 그런데 아무리 경험상 날씨를 잘 예감하고 또 매번 풍어제를 지낸다 해도 어부들은 폭풍과 큰 파도에 휩쓸려 죽을 고비를 넘기는 경험을 일생에 몇 번은 필연적으로 겪게 된다. 자칫 그 고비를 잘 넘기지 못하면 거친 풍랑 속에 빠져 영영 돌아오지 못할 수도 있다. 그래서 남편 잃은 제주도 여성은 바다에 나가 물질을 하고, 척박한 땅에 농사를 짓는 등 집안 살림과 생계를 모두 책임져야 했기에 그런 말이 생긴 듯하다.

또한 예부터 바람은 어디서 불어오는지, 해류는 어디로 흘러가는지에 관심이 높았고 이를 중요하게 여겼다. 그 이유는 폭풍이나 태풍에 대비한 자연재해를 피하기 위해 바람 부는 방향이 중요했고, 배를 안전하게 몰아야 하는 어부와 선원들에게는 해류가 어디에서 오는지보다 배가 어디로 흘러가는지가 더 중요했기 때문이다.

그래서 북서쪽에서 불어오는 바람을 '북서풍'이라 하고 남동쪽으로 흐르는 해류를 '남동향(해)류'라고 하지만, 그 두 가지는 결국 같은 방향으로 흐르는 공기와 물의 흐름을 나타낸다. 물론, 바다 위로 북서풍이 불고 마찰력에 의해 표층해류가 움직일 때, 북반구에서는 바람의 방향에 대해 그 오른쪽으로(남반구에서는 그 왼쪽으로) 표층해류가 흐르는 '지구자전 효과'*가 작용한다.

---

* 이를 '코리올리 효과(Coriolis effect)'라고 한다.

파도가 생기는 이유

파도(풍랑)는 왜 생기는지에 답하려면 먼저 바람은 왜 부는지에 답해야만 한다. 바람이 부는 것은 곧 공기가 이동하는 현상이다. 공기가 이동하는 이유는 기본적으로 지구상의 모든 물체에 작용하는 중력이 공기(기둥)에도 작용하기 때문이다. 중력에 의해 무거운 공기가 이웃한 가벼운 공기기둥 아래로 파고드는 수평 이동이 바람이 부는 기본 원리이다.

공기(기둥)가 단위면적당 지면을 내리누르는 힘(무게)을 '기압'이라고 하는데 단위면적당 무게가 무거운 공기기둥은 '고기압', 주변보다 상대적으로 가벼운 공기기둥은 '저기압'으로 작용한다. 무거운 공기기둥(고기압)과 가벼운 공기기둥

그림 3-1 부산 해안의 바위에 부딪쳐 부서지는 파도

(저기압)이 이웃하고 있으면, 무거운 공기가 가벼운 공기 쪽으로 이동하여 서로 섞이는데 이것이 바람으로 나타난다. 즉, 고기압에서 저기압으로 공기가 이동하는 것이 일차적으로 바람이 부는 현상이다.

그런데 지구상에서 운동하는 모든 물체는 지구 자전 효과에 의해서 북반구에서는 오른쪽으로 휘고, 남반구에서는 왼쪽으로 휘는 '겉보기 현상'이 나타난다. 이는 마치 손가락 끝으로 농구공을 돌릴 때 손끝에서는 한 점에서 돌고 있지만 회전하는 농구공의 각 점의 위치에 따라 회전하는 동심원의 크기가 다른 것처럼, 지구가 자전축을 중심으로 하루에 한 번 회전할 때도 마찬가지이기 때문이다. 다시 말해, 자전축 상에 있는 북극점과 남극점에서는 제자리에서 한 바퀴 맴도는 동안 적도에서는 가장 큰 원(지구의 지름×원주율≈2×6400km×3.14≈40,000km)을 그리며 돌기 때문에 지구 자전의 영향을 받아 북반구에서는 오른쪽으로 휘고 남반구에서는 왼쪽으로 휘는 겉보기 현상이 발생하는 것이다.

지구가 자전하면서 발생하는 겉보기 현상인 '코리올리 효과'는 어떤 물체가 운동하는 거리가 짧으면 그 효과가 매우 작아 겉보기 현상을 관찰하기가 어렵고, 적어도 수 킬로미터 이상의 거리를 운동하는 물체에서는 이 겉보기 현상을 관찰할 수 있다.

육상에서 관찰할 수 있는 한 가지 예를 들면, 대포를 쏠 때 북반구에서는 거리에 비례해서 목표 지점보다 오른쪽으로 포탄이 떨어지게 되므로 실제로는 그만큼 왼쪽으로 조정하여 포를 쏘아야만 원하는 과녁에 명중시킬 수가 있다.

잔잔한 바다(액체) 위로 바람(기체)이 불 때 마찰에 의해 '난류(亂流)가 발생하며, 이 무질서한 난류가 잔잔한 해수면을 교란해 순간적으로 증폭되어 일정한 형태의 파봉(波峯, crest)을 형성한다. 이 파봉이 다시 중력에 의해 아래로 내려가며 파곡(波谷, trough)을 형성해 점차 일정한 형태의 굴곡(파형)을 띤 파도가 생긴다는 것이 일반적인 '풍파(風波)'의 생성 원리이다.

그런데 이렇게 생성된 파도(풍파)는 수심이 깊은 곳에서는 물 입자가 원운동을 하며 파형을 전달하지만, 해안 가까이에서 물 입자가 바닥 마찰을 느끼는 수심에 이르면 점차 찌그러진 타원형 운동으로 변하게 되고, 더 이상 파형을 유지할 수 없는 얕은 수심*에 도달하면 결국 파형이 부서진 형태로 해안에 접근한다(《그림 3-2》).

---

* 이것을 쇄파대(surf zone)라고 하며, 쇄파대 이내에서는 파도가 부서져 흰 거품 형태로 해안에 도달한다.

해안에 접근하면서 쇄파대에서 부서지는 파도

한편, 여름날 해수욕장에서 바람이 전혀 없는 땡볕 아래 해수면이 완전히 매끄럽게 평평하지 않고 아주 작은 물결이 일어 햇빛에 반짝거리는 것을 볼 수 있다. 바람 한 점 없이도 이런 '잔물결'이 생기는 이유는 무엇일까?

나뭇잎 위에서 아침 햇살을 받아 반짝이는 영롱한 물방울을 자세히 관찰해 보면 물방울 표면이 매끄럽고, 나뭇잎과 맞닿은 끝이 안쪽으로 당겨져 방울을 형성한 것을 볼 수 있다. 이는 컵에 물을 가득 부었을 때 컵에 닿은 물이 컵 밖으로 쏟아지지 않고 조금 볼록하게 솟아오르는 것과 마찬가지의 원리로, 물의 '표면장력' 때문에 생기는 현상이다.

바람이 불지 않아도 물의 표면장력 때문에 생기는 해수면의 아주 작은 물결을 '표면장력파'라고 하며, 그 길이(=표면장력파의 파장)는 보통 1센티미터 내외로 아주 짧다. 바람 한 점 없는 더운 여름날, 햇빛에 눈부시게 반짝거리는 잔물결이 이는 것은 바로 물의 표면장력 때문이다.

파도(풍파)의 생성과 파고는 보통 '바람의 세기'와 '지속시간', 그리고 '바람이 부는 범위'*에 따라 크게 영향을 받는다. 바람이 세게 불면 거센 파도가 인다는 것은 경험상 알고 있거나, 추측할 수 있는 상식이다. 그런데 바람이 지속적으로 불면 파도가 점차 크게 일어난다는 것과 넓은 범위에서 바람이 불면 더 큰 파도가 생긴다는 것은 주의 깊게 관찰하거나 실험하지 않으면 금방 알기 어렵다. 바꾸어 말하면, 바람이 좁은 범위에서 짧은 시간 동안 분다면 그 바람이 아무리 세더라도 파도가 일정한 한도 이상으로 크게 발생하기 어렵다는 말과 같다.

이상괴파와 이안류에 대한 오해

'이상괴파(異常怪波)'란 주변에 뚜렷한 파도가 일지 않았는

---

*바람의 세기(풍속), 지속시간, 바람이 부는 범위를 풍파 생성의 3대 요소라고 한다.

데도 갑자기 파고(波高)가 높은 파도가 해안을 덮쳐 큰 사고
와 인명피해를 일으키는 파도를 말한다. 이상괴파는 주변 파
도보다 파고가 두 배 이상이며, 예상하지 못한 방향과 규모
로 밀려오면서 느닷없이 방파제를 넘어 덮치므로 '월파(越波)'
라고 표현하기도 한다.

그러나 이상괴파의 정체는 단순한 월파와는 다르다. 파
(波)가 발생한 후 주변으로 에너지가 분산되지 않고 먼 거리

그림 3-3 2018년 21호 태풍으로 일본 아키항 방파제에 도달한 파도

까지 형태를 유지하며 전파되는 '단독파(soliton, 또는 고립파)'가 이상괴파의 후보 중 하나이기도 하다. 마치 벽이 움직이는 것처럼 밀물이 밀어닥치는 '조석 보어(tidal bore)' 또는 지진으로 해저 지각이 갑자기 융기하거나 침강하여 발생하는 '지진해파(地震海波)'인 '쓰나미'가 이상괴파로 잘못 보고되기도 한다. 쓰나미는 최초로 해안에 도착하기 전에 물 빠짐 현상이 먼저 나타나기도 하지만, 갑작스러운 해일 형태로 해안에 밀어닥치기도 한다.

이번에는 우리나라에서 여름철 해수욕장에서 흔히 파도에 휩쓸림 사고로 보도되는 '이안류(離岸流, rip currents)'의 정체를 알아보자. 이안류는 해안에 평행하게 흐르는 '연안류(沿岸流)'와 함께 해안선으로부터 멀어지는 방향으로 한꺼번에 휩쓸려 나가는 흐름의 형태로서 '연안 순환(沿岸循環)'의 한 부분이다. 방파제를 넘는 월파와 이안류를 혼동하기 쉽지만, 이안류는 파도가 해안에서 깨지는 월파 또는 쇄파(碎波)가 아니다.

해변의 백사장에서 연안류가 해안선에 평행하게 지속적으로 흘러서 주로 수심이 깊은 골 주변에 모이면 그 해수가 어느 순간 깊은 골을 따라 한꺼번에 수십 내지 수백 미터까지 휩쓸려 나가는 흐름(해류)이다. 즉, 이안류는 해변의 특정

지점에 수심이 깊어지는 골이 형성될 때 그 골을 따라 발생하지만, 주로 바람이 해안 쪽으로 불고 파도가 해변에 수직으로 흘러들 때 그 흐름이 강해지기도 한다.

지진해파 또는 쓰나미

지진해파 대신 쓰나미(津波, Tsunami)라는 용어가 널리 쓰이는 이유는 '불의 고리(ring of fire)'로 일컫는 환태평양 화산대에 속하는 일본열도 주변에서 지진과 함께 빈번하게 발생하기 때문이다. 다시 말해 항구[津]에 해일과 같은 큰 파도가 덮쳐 해안에 정박 중인 배가 육지로 떠밀려 올라오고, 해안가 마을 저지대가 잠기는 등의 재난이 자주 발생하는 일본에서 사용하던 이 용어가 보편화되었기 때문이다.

그러나 낱말의 뜻과 다르게 쓰나미는 수직 해저 지진이 일으키는 지진해파다. 즉, 지각운동으로 갑작스럽게 해저면이 수직으로 융기하거나 함몰하게 되면 그 부피에 해당하는 만큼 주변의 바닷물이 해수면 위로 들어 올려지거나 땅 꺼짐으로 생긴 공간을 채우는 과정에서 해파(海波, sea wave)가 발생하여 퍼져 나아가는 현상이므로 엄밀한 의미에서 '지진해파'라 할 수 있다.

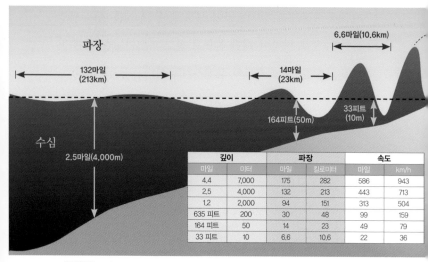

깊이		파장		속도	
마일	미터	마일	킬로미터	마일	km/h
4.4	7,000	175	282	586	943
2.5	4,000	132	213	443	713
1.2	2,000	94	151	313	504
635 피트	200	30	48	99	159
164 피트	50	14	23	49	79
33 피트	10	6.6	10.6	22	36

그림 3-4 쓰나미가 심해에서 해안에 접근할 때 수심에 따른 파장과 파속의 변화

지진해파는 파장*이 풍파에 비해 훨씬 길며, 특히 깊은 바다를 지날 때에는 파의 속도**가 매우 빨라서 지진이 자주 발생하는 일본 동부 해안에서 태평양을 가로질러 칠레 해안까지 가는 데 불과 하루 정도의 시간밖에 걸리지 않는다. 게다가 지진해파는 발생 지점에서부터 사방으로 퍼지면서 태

─────────

* 파형(波形)의 마루와 마루 사이, 또는 골과 골 사이의 수평 길이를 말한다.
** 파장(波長)이 매우 긴 천해파(淺海波)의 파속(波速)은 수심의 제곱근에 비례한다. 예를 들어 수심 4킬로미터의 대양을 통과할 때 초속 200미터(시속 720킬로미터)의 엄청난 속도로 전달된다.

평양을 가로질러 반대편 해안에 도달할 때까지 파랑에너지가 소멸하지 않고 전달된다. 일반적으로 수심이 깊은 대양 한가운데에서는 지진해파가 전파되는 것을 선상에서 거의 느낄 수가 없으며, 수심이 얕은 연안에 접근하면서 점차 파고(波高)가 높아지고 해안 가까이에서는 수심이 주변보다 상대적으로 더 얕은 돌출부(串)에 파랑에너지가 집중되어 피해를 키운다.

1983년 5월 26일 우리나라 동해안을 덮친 쓰나미를 살펴보면, 울진군 임원항에 최대 7미터의 해일이 덮쳐 횟집 수조 안의 물고기가 모두 탈출했으며, 항내에 정박 중이던 어선들이 육지 위로 떠밀려 올라와 파손되었다. 또 해안 가까이에 설치되었던 정유사의 거대한 기름탱크도 내륙으로 수십 미터 이동했으며, 사망실종자 3명, 이재민 400여 명의 피해가 발생했다.

이는 동해 반대편 일본 아키타 앞바다 80킬로미터 지점에서 발생한 수직단층 지진이 그 원인이었으며, 일본에서는 이때 14미터의 쓰나미가 관측되었고, 사망자 100여 명, 부상자 100명의 큰 피해를 입었다. 지진 발생 이후 쓰나미가 동해를 가로질러 임원항에 도달하는 데에는 겨우 30분가량의 시간밖에 걸리지 않았다.

04

바닷물을 움직이는 힘

해류는 어떻게 형성될까?

파도치는 바다를 보면서 인간은 물에 뜨는 배를 만들었고, 하늘을 나는 새를 보면서 비행기를 만들었다. 또한 물고기를 보면서 잠수함을 만들었고, 달을 보면서 결국 우주선을 만들었다.

물고기를 잡으러 배를 타고 바다로 나간 어부는 가끔 풍랑을 만나기도 하고 어떤 경우에는 배가 좌초되어 물에 빠져 익사하거나, 조각난 파편에 몸을 의지한 채 어디론가 흘러서 해안에 닿아 간신히 목숨을 구하기도 했다. 그렇다면 인류에게 끊임없는 공포의 대상이면서도 어류 식량자원의 보고이며, 편리한 교통수단인 배를 이동하게 하는 매체인 바닷물을 움직이는 힘은 무엇인가 알아보자.

바닷가에서 끊임없이 해안에 부딪치며 부서지는 파도와 넘실거리는 물결에 흔들리는 배를 바라보면서 우리는 자연스레 바람의 세기와 연관 짓는다. 즉, 바람이 세게 불 때 파도가 높이 일고 윈드서핑을 즐기는 사람들이 바람을 타고 빠르게 움직이는 돛배를 보게 된다. 바닷가에서 바람을 타고 밀려오는 파도와 연안류의 흐름처럼 바다에서 표층해류를 일으키는 일차적인 원인은 바람이며, 바다 내부에서는 바람이 아닌 해수의 밀도 차이에 따라서도 흐름이 발생하기도 한다.

바람이 일으키는 파도를 '풍파(風波)'라고 하며, 바람이 해수면에 마찰력을 일으켜 표층의 바닷물을 움직이는 흐름을 '취송류(吹送流)'*라고 한다. 그렇다면 파도와 해류는 어떻게 다른가? 파도는 높낮이에 따른 위상이 원운동(또는 타원운동) 궤적 안에서만 움직일 뿐이며, 파도의 전파 방향으로는 에너지만 전달되지만, 해류는 그 흐름과 함께 매질인 바닷물이 이동한다는 데 차이가 있다. 그렇다면 우리가 해안에서 보는 바닷물의 흐름은 도대체 어떻게 생기는 것일까?

파도(파랑)가 어떤 방향으로 전파되다가 해안 부근에 이르러 수심이 얕아지면서 바닥 마찰이 일어나면 파형이 원운동에서 점차 타원운동으로 바뀌다가 결국 파형을 유지하지 못하는 한계수심에서 깨진다. 이때 파도가 깨지는 한계수심

---

*바람에 의한 마찰력(=바람 응력)이 해수에 직접 작용하는 흐름으로, 지구 자전 효과와 마찰력의 균형을 이론적으로 체계화한 에크만(Ekman)의 이름을 따서 '에크만 해류'라고도 한다.

에서부터 해안선까지를 '쇄파대'라고 하며, 이 쇄파대에서 연안류가 발생한다.

'연안류'는 해안으로 접근하는 파도가 해안선에 경사를 이루어 접근할 때 해안선과 예각인 방향으로 흐르는데, 이 연안류가 발생하는 원인은 파도가 파선을 따라 해안에 접근할 때 이웃한 두 해저면 지점 사이에 생기는 '방사응력'*의 차이로 발생한다. 해안선과 평행하게 흐르는 '연안류'에 대하여 해안선에서 멀어지는 방향으로 흐르는 흐름을 '이안류'라고 한다.

해안선을 따라 연안류가 흐르다가 수심이 깊어지는 지점에 바닷물이 모이거나 또는 연안류가 암초 따위의 장애물을 만나 더 이상 흐름이 이어지지 못하고 모이면 어느 순간 해안선 바깥쪽으로 쏟아져 나가는 강한 흐름이 바로 이안류이다. 즉, 연안 순환에서 이안류는 항상 존재하는 것이 아닌 간헐적으로 생기는 흐름이며, 연안류가 세지거나 수심이 급하게 변하는 해안지형에서 자주 발생한다.

만약, 해안선 부근의 해저지형이 해안선에 평행하게 일직선으로 길게 수심이 깊어진다면 바닷물이 모이지 않고 연안류가 해안선을 따라 길게 흐르겠지만, 급격하게 수심이 깊어

---

*파도의 궤도운동에 의해 물기둥에 전달되는 운동량의 초과 유입으로 정의한다.

지는 지점에서는 연안류 흐름이 느려져 바닷물이 모이기도 하고, 굴곡진 해안을 따라 흐르는 연안류의 유속 차이로 결국 어느 지점에서 바닷물이 모이게 되면 해안선에서 멀어지는 방향으로 이안류가 발생하게 된다.

이안류는 해수욕장에서 인명 재난을 일으키는 요인으로 흔히 작용한다. 미국의 통계치에 따르면 이안류에 의한 사망자가 매년 100명 이상인 것으로 보고되며, 우리나라에서도 여름철 물놀이 사고의 주요 원인 중 하나로 이안류가 지목되고 있다. 이안류의 유속은 보통 1노트(knot, 초속 0.5미터) 내외이지만, 5노트(초속 2.5미터) 이상에 이르기도 하므로 해수욕

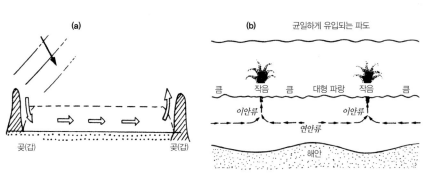

그림 4-1 파도가 왼쪽에서 비스듬히 접근할 때 쇄파대(점선) 내에서 평행한 해안에서 오른쪽으로 흐르는 연안류와 암반 바깥쪽으로 흐르는 이안류(a), 굴곡진 해안에 직각으로 접근하는 파도에 대해 형성된 연안류와 수심이 깊은 두 곳을 따라 쇄파대 바깥쪽으로 흐르는 이안류(b)

장에서 이안류 발생 지점은 특히 피해야 한다. 만약 이안류에 갇히면 그 흐름에 거슬러 헤엄치지 말고 휩쓸려 나온 뒤 비스듬히 헤엄쳐 빠져나와야 한다.

연안에서 바람을 동력원으로 하여 발생하는 '연안 용승' 현상에 대해서는 9장에서 자세히 살펴보기로 한다.

계곡 사이를 흐르는 시냇물은 지구가 잡아당기는 중력에 의해서 높은 곳에서 낮은 곳으로 흘러 강줄기를 이루고, 육지의 강은 흐르고 흘러 종착지인 바다로 모인다. 이때 바닷물에 높낮이가 존재한다면 당연히 높은 곳에서 낮은 곳으로 흐르게 될 것이다.

바닷물의 흐름에 영향을 주는 것은 지구 중심으로부터 떨어진 거리에 의한 위치에너지, 곧 지오포텐셜(geopotential)이다. 이웃한 두 지점 사이에 '지오포텐셜이 같은 면'을 기준으로 그 위에 쌓인 두 물기둥의 흐름을 결정하는 것은 바로 물의 압력(수압) 차이다. 보통 물기둥 10미터의 수압은 약 1기압과 엇비슷한데 여기에 바닷물의 밀도가 더 높으면 수압이 그만큼 더 커진다. 이때 이웃한 두 지점 사이에 생긴 수압의 차이에 따라 수압이 더 높은 지점에서 수압이 낮은 지점으로 힘이 작용하는 '압력 경도력'이 발생한다. 이 압력 경도력이 바닷물을 움직이는 중요한 힘이며, 이것이 코리올리의 힘과 균형을 이루면서 이동하는 흐름을 '지형류(地衡流)'*라고 한다.

한편, 대양에서 표층해류를 일으키는 일차적인 원동력은 바람과 바닷물의 압력 경도력이지만, 대기압의 차이도 해수면을 누르는 압력으로 작용하여 1밀리바(mb)** 차이는 보통 해수면이 1~3센티미터 높이의 변화를 가져온다.

이 압력 경도력에 따라 물이 움직이면 지구 자전 효과에 의해 나타나는 겉보기 힘인 '전향력(=코리올리의 힘)'이 작용하게 된다. 물론, 이 겉보기 힘은 앞에서 언급한 것처럼 북반구에서는 물의 운동 방향에 대해 오른쪽으로 작용하고, 남반구에서는 왼쪽으로 작용하지만, 운동의 규모가 클수록 잘 나타나며 만약 운동의 규모가 수백 미터 이내로 작으면 이러한 겉보기 힘은 감지하기 어렵다. 왜냐하면 코리올리의 힘은 위도에 따라 지구 자전에 의한 선속도(線速度)***가 달라서 나타나는 겉보기 힘이기 때문이다.

---

* 대기의 흐름에서 이런 균형을 이루면서 부는 바람을 번역의 차이로 '지균풍(地均風)'이라고 한다.
** 요즈음은 대기의 압력 단위로 '밀리바(mb)' 대신에 '헥토파스칼(hPa)'을 사용한다.
*** 북극점, 남극점에서는 선속도가 영(零)이며, 적도에서의 선속도는 적도 둘레 길이 (40,000km)/24시간이다.

조석과 조류

지구가 자전하면서 하루 두 번씩(수심이 깊은 대양 한가운데에서는 보통 하루에 한 번씩) 바닷물이 오르락내리락하면서 밀물과 썰물이 발생하는 이유는 무엇일까?

천체를 포함한 모든 물체는 서로 잡아당기는 힘이 존재한다. 여기에는 두 물체 질량의 곱에 비례하고, 두 물체 사이 거리의 제곱에 반비례하는 '만유인력의 법칙'이 작용하기 때문이다(5장 '중력의 수수께끼' 참조). 이 법칙은 지구상에 존재하는 바닷물과 공기에도 똑같이 적용되며, 바닷물의 주기적 움직임에 가장 크게 영향을 미치는 천체는 달과 태양이다. 달은 지구에서 가장 가까이 있는 천체(위성)이며, 태양은 수성이나 금성보다 더 멀리 떨어져 있지만 질량이 워낙 크기 때문에 지구에서 달과 태양이 잡아당기는 인력이 다른 천체보다 바닷물에 훨씬 더 크게 작용한다.

밀물(들물)과 썰물(날물)에 의한 고조(만조)와 저조(간조) 높이를 잘 관찰해보면, 대략 6시간 주기로 하루 2회 반복된다는 것과 연속된 두 번의 고조 높이가 서로 다르다는 것, 그리고 다음 날 고조 시각이 전날보다 매일 약 50분 정도씩 늦어진다는 사실을 발견할 수 있다.

주로 수심이 얕은 대륙붕 내만에서 하루에 두 번씩 바닷물이 들어오고 나가는 '반일주조(半日週潮, semidiurnal tide)' 현상이 우세하게 나타나며, 연속된 두 번의 고조(또는 저조) 높이가 다른 것과 매일 고조 시각이 전날보다 약 50분 정도 늦어지는 이유는 지구의 공전과 자전주기, 달과 태양의 인력이 다르다는 사실과 연관되어 있다. 즉, 달이 태양보다 지구의 바닷물을 끌어당기는 힘이 더 크고, 지구가 자전하면서 태양 주위를 공전하기 때문에 지구가 정확히 한 바퀴 자전하는 24시간보다 조금 더 돌아야 태양의 고도가 원위치로 돌아오게 되는 것이다.

그런데 훨씬 더 긴 시간에 걸쳐 관찰해보면, 약 14일 사이에 고조와 저조의 높이 차가 가장 크게 벌어지는 '사리'와 그 높이 차가 최소로 줄어드는 '조금' 시기를 거쳐 다시 그 과정이 되풀이되는 것을 알 수 있다('사리'와 '조금'이 발생하는 원인에 대해서는 6장에서 자세히 다루기로 한다).

이처럼 조석 주기는 바닷물 운동에 영향을 주는 천체의 운동 조합에 따라 반일주조, 일주조, 14일주조, 반년주조, 일년주조, 장주기조 등 여러 조석 성분이 복합적으로 구성되며, 해수면 높이가 시시각각 다르게 나타난다. 이러한 천문 조석의 영향 이외에도 기상과 복잡한 해저지형에 따른 반일주기보다 더 짧은 단주기 조석이 나타나기도 한다.

이렇게 해수면 높이는 천체(달과 태양)의 운동에 따라 시시각각 새로운 힘의 평형을 이루려고 바닷물이 흐르게 되는데 이를 '조류(潮流)'라고 한다. 일반적으로 바닷물이 들고 나는 높낮이(조차)가 큰 해안지역이나 수심이 얕고 좁은 울돌목*과 같은 수로에서는 조류가 강하고, 수심이 상대적으로 깊고 넓은 외해에서는 조류가 약하다.

우리나라 주변 연근해에서 보이는 조류는 동해안을 따라 북쪽에서 남쪽으로 흐르고, 대한해협을 통과해서 남해안을 따라 서진하여 목포 해안을 거쳐 서해안을 따라 북한 해안까지 북상한 후, 랴오둥반도와 발해만을 거쳐 다시 산둥반도 이남으로 황해 전체를 반시계 방향으로 돌아서 남진한다(〈그림 4-3〉).

동중국해에서 북상하는 조류는 양쯔강 하구역과 목포를 잇는 선을 따라 북상하여 옹진반도를 통과하고 반시계 방향으로 원산만을 돌아 다시 중국 산둥반도 해안을 따라 남하하는 과정에서 지형과 지리적 여건에 따라 조류의 세기

※ 전남 해남군 화원반도와 진도 사이에 있는 울돌목의 다른 이름은 명량해협이며, 폭이 좁고 수심이 얕아 바위가 우는 것 같다는 데에서 유래한 이름이다. 조차가 가장 큰 사리(대조기) 때에는 유속이 초속 6.5미터까지 빨라지며, 임진왜란 때 이순신 장군이 12척의 배로 133척의 왜군 함대를 물리친 곳으로 유명하다.

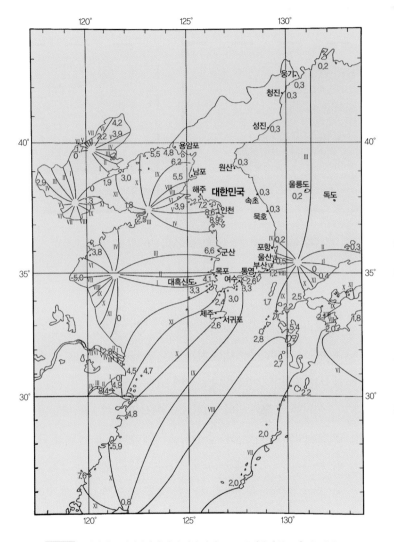

그림 4-3 우리나라 주변해역에서 달에 의한 반일주조(M2) 성분의 등조시도(표시된 로마숫자 순서에 따라 조석파가 진행하며 동해에서는 울산 동쪽의 무조점을 중심으로 반시계 방향으로, 남해에서는 부산에서 목포 방향으로, 황해에서는 서해안을 따라 북상 후 돌아서 중국 해안을 따라 남하하는 방향으로 창조류가 흐르며, 산둥반도 동쪽과 남쪽에서도 무조점이 보인다.)

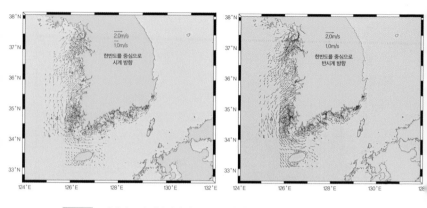

그림 4-4 우리나라 주변 연안에서 창조류(왼쪽)와 낙조류(오른쪽)의 세기와 방향

가 달라진다. 경기만처럼 반폐쇄적인 내만에서는 바닷물이 빠져나가기 어려우므로 조차가 커져 조류가 강해지고, 동해에서는 조차가 1미터 이내로 작아 조류가 약하다.

이러한 경향은 위의 〈그림 4-4〉에서 명확히 나타나는데 창조류(밀물)는 한반도를 중심으로 시계 방향으로 해안을 따라 흐르며, 낙조류(썰물)는 창조류와 반대로 반시계 방향으로 돌아 흐른다. 창조류와 낙조류 모두 좁은 수로와 경기만 내에서 유속이 빨라진다.

〈그림 4-5〉는 대양의 표층해류와 표층순환을 간단하게 나타낸 모식도이다. 앞에서 설명한 것처럼 표층해류는 지오

포텐셜의 차이에 의해 발생하는 압력 경도력과 지구 자전에 의한 코리올리의 힘이 균형을 이루면서 흐르는 지형류 성분과 바람에 의한 에크만 해류 성분이 합쳐져서 그 흐름과 순환이 유지된다.

대양 표층순환은 크게 1) 북적도해류, 남적도해류와 그 사이에서 반대 방향으로 흐르는 '적도반류'를 포함한 '적도 해류계(赤道海流系)', 2) 대양의 남·북반구 각각의 아열대 해역을 전체적으로 크게 순환하는 '아열대 순환(亞熱帶循環)', 3)

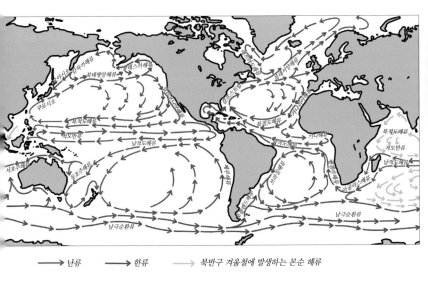

→ 난류   → 한류   → 북반구 겨울철에 발생하는 몬순 해류

그림 4-5 전 지구 대양의 표층해류와 표층순환 모식도

표층부터 심층까지 남극대륙 주변을 크게 돌면서 대서양, 태평양, 인도양의 남반구 아열대 순환과 경계를 이루는 '남극순환류(南極循環流)', 4) 북반구에서 아열대 해역보다 고위도인 해역에서 상대적으로 작은 순환을 이루며 아열대 순환과 맞물려 반대 방향으로 흐르는 '아한대 순환(亞寒帶循環)'으로 나눌 수 있다.

일반적으로 오대양에 포함되는 '북극해(北極海)' 또는 '북빙양(北氷洋)'은 북아메리카, 유럽과 아시아 대륙으로 둘러싸인 바다이다. 그린란드 주변을 통과하면 대서양과 연결되고, 폭이 매우 좁고 수심이 얕은 베링해협을 통해 태평양과 연결된다.

〈그림 4-5〉에는 북극해의 해류 순환을 포함하지 않았다. 대양의 심층해류의 흐름과 순환은 수온과 염분에 의한 밀도 차이로 발생하는 밀도류가 대부분이어서 대양의 심층해수 순환을 '열염순환(熱鹽循環)'이라고도 하며, 13장에서 자세히 다루기로 한다.

05

중력의 수수께끼

뉴턴의 만유인력

지구의 모든 물체 사이에는 서로 끌어당기는 힘(인력引力)이 존재하고, 지구가 지상의 물체를 끌어당기는 힘을 '중력(重力)'이라고 한다. 두 물체가 서로 끌어당기는 힘은 질량이 클수록 커지고, 두 물체 사이의 거리가 멀수록 작아진다. 수많은 실험을 거쳐 뉴턴(Isaac Newton)은 '서로 잡아당기는 힘이 두 물체의 질량 곱에 비례하고, 두 물체 사이의 거리 곱에 반비례한다'는 법칙을 발견했다. 이것이 뉴턴이 사과나무 아래에서 발견했다는 그 유명한 '만유인력의 법칙'이다. 만유인력의 법칙 중 지구가 물체를 끌어당기는 힘인 '지구중력'을 '중력'으로, 단위질량에 대한 지구중력을 '중력가속도'로 정의하면, 지구의 중력가속도*는 자유 낙하하는 물체의 질량에 상관없이 일정한 값을 지닌다.

---

* 지구의 중력가속도는 상수값(9.8m/s²)을 가진다. 가속도가 일정하다는 말은 속도가 점점 빨라지는 비율이 일정하다는 뜻이므로, 만약 어떤 물체가 움직이는 속도가 일정하다면 그 물체의 가속도는 영(零, zero)이다.

그림 5-1 뉴턴은 아래로 떨어지는 사과에서 만유인력의 법칙을 발견했다.

그런데 아무리 큰 물체가 서로 가까이 있어도 인력(끌어당기는 힘)이 작용하지 않는 것처럼 보이는 이유는 무엇일까? 그것은 바로 지구라는 아주 큰 물체가 다른 모든 물체를 중력으로 끌어당기고 있기 때문이다.

만약 달이 지금처럼 멀리 떨어져 있지 않고, 바로 지구와 아주 가까이 있다면 어떤 현상이 벌어질까? 아마 물체는 지상에 수직으로 '자유낙하'하는 대신 달 쪽으로 약간 이끌리면서 지상에 비스듬히 떨어지게 될 것이다. 그러면 어째서 달 표면이 아니라 지구 표면에 떨어지게 될까? 그 이유는 자유낙하하는 물체와 지구 중심 사이의 거리(~6,400킬로미터)가 그 물체와 달 사이의 거리보다 훨씬 가깝고, 지구가 달보다 훨씬 더 크기 때문이다. 다시 말해 달이 물체를 이끄는 '달의 중력'보다 지구가 지상의 물체를 이끄는 '지구중력'이 훨씬 더 크기 때문이다.

태양은 지름이 지구의 지름보다 100배 이상 더 길고 질량은 무려 지구의 33만 배 정도이지만, 지구로부터 아주 멀리(~1.5억 킬로미터) 떨어져 있어 '만유인력의 법칙'을 적용하면 지구의 바닷물을 끌어당기는 힘이 달보다 오히려 더 작다. 실제로 지구 표면의 71퍼센트를 덮고 있는 바닷물이 달과 태양에 의해 끌리는 상대적인 영향을 살펴보면, 달이 지구에 비해 질량이 훨씬 작지만 달과 지구 사이의 거리(~38만 킬로미터)는 태양과 지구 사이의 거리보다 훨씬 더 가까이 있기 때문에 달이 바닷물을 끌어당기는 힘이 태양보다 오히려 더 크다.

그렇다면 달이 지구중력에 의해 끌려오지 않고, 또 지구가 태양에 끌려가지 않는 이유는 무엇일까? 그것은 바로 달이 지구 주위를 공전할 때, 그리고 지구가 태양 주위를 공전할 때 생기는 '원심력' 때문이다. 원심력이란 회전하는 모든 물체에 나타나는, 밖으로 이탈하려는 힘이다.

지구상 모든 물체는 지구중력의 영향에서 벗어날 수 없

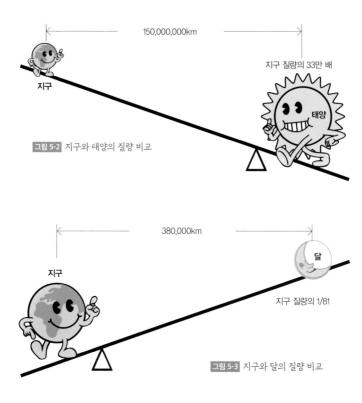

그림 5-2 지구와 태양의 질량 비교

150,000,000km

지구 질량의 33만 배

지구

태양

380,000km

지구

달

지구 질량의 1/81

그림 5-3 지구와 달의 질량 비교

으며, 이는 바닷물과 공기에도 똑같이 적용된다. 이때 질소
와 산소 기체가 대부분을 차지하는 공기는 액체인 바닷물
에 비해 밀도가 약 1천분의 1만큼 작아서 지구 중심에 가까
운 곳에서부터 바닷물로 채워지고 공기는 바닷물 위에 자리
하게 된 것이다. 질량이 더 클수록 지구가 잡아당기는 인력
이 더 크기 때문이다. 물 1세제곱센티미터 부피의 질량은 약

1그램*이므로 그 1백만 배에 해당하는 1세제곱미터 부피의 질량은 1톤이다.

바닷물에는 염분 등 불순물이 섞여 있으며, 그 영향에 따라 물 1톤당 20∼28킬로그램이 추가되어 약 3퍼센트 미만의 질량이 더해진다. 태평양 해저면의 평균수심을 5,000미터라고 가정하면, 표면적이 1제곱미터인 해수 표면에서 해저면까지 물기둥의 질량은 대략 5,000톤이며, 이는 10톤 트럭 500대의 적재량에 해당한다.

한편, 공기는 10킬로미터 이내인 대류권에 90퍼센트 이상이 집중되어 있고 지상에서 멀어질수록 점점 희박해진다. 만약 지표면에서 대류권 상공으로 5천미터 높이까지 일정한 밀도의 공기로 채워져 있고, 공기의 밀도가 물의 밀도에 비해 1천분의 1이라고 가정하면, 공기 1세제곱센티미터의 질량은 약 1밀리그램(=mg)이므로 1제곱미터 면적의 공기기둥 5,000미터의 질량은 5,000톤의 1천분의 1인 5톤에 해당할 것이다. 즉, 공기는 물에 비해 1천분의 1만큼 가볍기 때문에 지구 중심에서 잡아당기는 인력도 그만큼 작으며, 더구나 기체인 공기는 거의 압축되지 않는 물에 비해 압축과 팽창의

---

* 순수한 물 1세제곱센티미터의 질량은 섭씨 4도에서 정확히 1그램이며, 섭씨 4도에서 멀어질수록 밀도가 아주 조금씩 작아지므로 질량도 따라서 줄어든다.

영향을 훨씬 크게 받는다.

지상의 산과 평지처럼 굴곡진 해저면에 액체인 바닷물이 마치 그릇 안에 물처럼 담겨 있으며, 그 위로 기체인 공기가 지상의 육지와 바다 표면을 덮고 있다. 이는 지구 중심으로부터 만물을 끌어당기는 중력이 바닷물과 대기가 우주 공간으로 달아나지 못하게 잡아당기고 있는 것이다.

기압과 수압

기체인 공기는 압축과 팽창에 따라 밀도가 크게 변화하고, 이렇게 변화된 밀도에 따라 공기기둥이 주변보다 무거우면 고기압, 주변보다 가벼우면 저기압이 된다. 수직·수평 운동이 자유로운 공기기둥은 주변과 기압 차가 발생할 때 위치에너지의 합을 낮추는 방향으로 새로운 평형을 이루기 위해 고기압에서 저기압으로 공기가 이동한다. 이는 물이 높은 데에서 낮은 데로 흐르는 것과 같은 이치이며, 공기의 운동이든 바닷물의 운동이든 지구 중심으로 지구상의 모든 물체를 잡아당기는 힘인 중력이 바로 일차적인 원동력이다.

우리는 실내 수영장보다 해수욕장에서 수영할 때 몸이 더 잘 뜬다는 사실을 경험적으로 잘 알고 있다. 이는 우리

그림 5-3 염분이 높은 사해(死海)에 누워 신문을 읽는 사람

사해 해수의 부력 > 일반 해수의 부력 > 담수의 부력
(염분 ~34%)　　　(염분 3~3.5%)　　　(염분 0%)

몸이 물 위에 뜬 상태에서 물에 잠긴 우리 몸의 부피만큼의 무게에 해당하는 힘이 중력의 반대 방향으로 '부력'이 작용하기 때문*이며, 해수의 무게가 담수의 무게보다 조금 더 무거워서 부력도 그만큼 더 크게 작용하기 때문이다. 우리 주변의 바다보다 염분이 더 높은 사해(死海)에서는 부력이 더 크게 작용하므로 바닷물 위에 누워서 신문을 볼 수 있는 것도 바로 이런 원리이다.

＊ 고대 그리스의 수학자 아르키메데스(Archimedes)가 욕조에 몸을 담갔을 때 흘러넘치는 물의 양만큼 몸이 가벼워진다는 사실을 최초로 알아내어 '아르키메데스의 원리'라고 한다.

06

해수면 높낮이가
변하는 이유

밀물과 썰물

철썩철썩 끊임없이 해변을 때리는 파도와 함께 인류의 궁금증을 자아낸 현상 중의 하나가 바로 밀물과 썰물이다. 하루에 한 번, 또는 두 번 주기적으로 물이 들어왔다가 나가는 현상이 반복되는 것을 보면서 인류는 왜 그럴까 궁금해하면서 우주 창조와 함께 밀물과 썰물이 반복되는 조석 현상을 신의 섭리로만 단정했을 것이다. 한편, 달이 차고 기우는 현상과 바닷물이 들고 나는 높이 차이가 어떤 상관관계가 있다는 것을 뉴턴 이전의 일부 자연과학자들은 이미 알아차렸을 것이다.

하지만 그믐과 보름에는 바닷물이 들고 나는 높낮이(조차)가 최대가 되고, 상현과 하현에는 그 조차가 최소가 되는 것을 보면서도 그 이유가 달이 지구의 바닷물을 잡아당기기 때문에 발생하는 것이라는 사실은 뉴턴 역학이 등장한 뒤 조석이론에 적용되기까지 인류가 밝혀내지 못했던 궁금한 자연현상 중 하나였다.

그러면 하루에 한 번 또는 두 번 바닷물이 해안으로 밀려들어 오거나(밀물), 빠져나가는(썰물) 현상은 어떤 원리에서 작용하는지 알아보자.

우리나라 해안은 보통 하루에 두 번 밀물과 썰물이 교대로 들고나며, 밀물에서 썰물로 바뀌기 전 잠시 정지된 고조 해수면과 썰물에서 밀물로 바뀌기 전 정지된 저조 해수면의 시차가 약 6시간 남짓 정도이며, 고조에서 다시 고조가 되기까지 약 12시간 25분 정도 걸린다. 이는 저조도 마찬가지다. 이미 앞에서 언급했듯이 두 번의 고조와 두 번의 저조를 반복하고 다시 고조에 도달하기까지(즉, 조석 일주기를 마치기까지) 약 24시간을 지나 50분 정도 더 걸린다는 것을 알게 될 것이다.

지구의 바닷물이 뉴턴의 만유인력 법칙에 따라 달과 태양이 끌어당기고 지구가 자전하기 때문에 해수면이 밀려들어 오고 빠져나가는 것이라면, 어째서 정확히 12시간(또는 24시간)이 아니라 12시간 25분(또는 24시간 50분)으로 고조 시각이 조금 늦어진 것일까?

이는 지구가 한 바퀴 자전하는 24시간에 더하여 달이 지구를 공전하는 시간만큼 더 돌아야 태양과 달이 바닷물을 끌어당기는 '천문 기조력(天文起潮力)*'이 일직선상에 완성되기 때문이다.

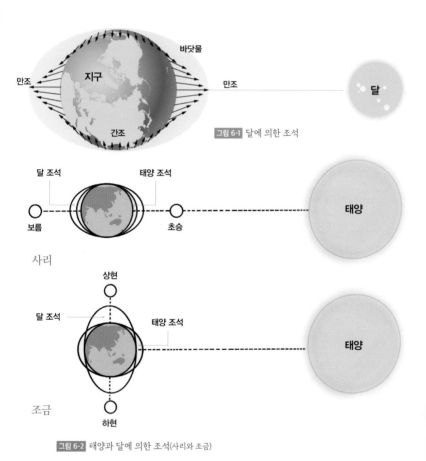

그림 6-1 달에 의한 조석

그림 6-2 태양과 달에 의한 조석(사리와 조금)

---

* 천문 조석을 일으키는 힘인 태양과 달이 끌어당기는 인력을 말한다.

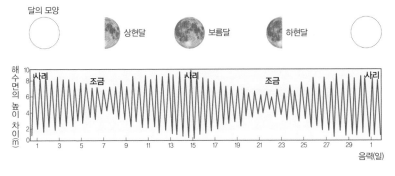

그림 6-3 인천광역시 강화군 외포리에서 30일 동안 관측한 조석 기록
[초승과 보름(=사리), 또는 상현과 하현(=조금) 사이에 14일 주조 성분의 일주기를 보인다.]

달과 태양의 인력에 의한 천문 기조력 이외에도 조석에 영향을 미치는 요인은 해저지형과 바람, 지진해일(쓰나미) 등이 있지만, 대부분 그 주기가 짧고 천문 기조력을 포함한 일주기 또는 반일주기 조석은 말 그대로 주기적으로 반복되는 조석 현상이다.

바닷물의 팽창과 가변 용기의 상관관계

그렇다면 해수면의 장기적인 상승과 하강에 영향을 미치는 요인은 무엇인지 알아보자.

해저지형을 포함한 육지가 바닷물을 담고 있는 용기(그

롯)라고 가정할 때, 해수 전체의 부피가 수축/팽창하거나 또는 바닷물을 담고 있는 용기의 크기가 더 넓어지거나 좁아진다면 해수면의 높이가 달라질 것이다. 예를 들면, 대기 중 열에너지가 바닷물에 유입되어 수온이 상승하고 밀도가 낮아져 바닷물의 부피가 늘어나면 해수면이 높아진다. 반대로 바닷물의 열에너지가 대기로 빠져나가 바닷물의 밀도가 높아지면 부피가 줄어들어 해수면이 낮아진다.

한편, 대기와 해양 사이에 열교환이 이루어지지 않고도 지각운동(화산이나 단층 작용)에 의해 육지가 융기하거나 침강한다면 바닷물의 부피가 일정하다고 해도(즉, 바닷물의 밀도가 변하지 않는다고 해도) 용기가 커지거나 작아짐에 따라 해수면의 높이가 변할 것이다. 다시 말해, 해수면 높이는 바닷물의 수축 또는 팽창에 의해 부피가 변하거나 육지의 지각변동에 의해 바닷물을 담고 있는 용기의 크기가 변하는 효과가 합쳐진 '상대 해수면' 높이의 변화로 나타난다.

지구온난화

지난 100년 동안 지구의 평균 해수면은 약 20센티미터 상승해 왔고, 그 주된 이유는 지구온난화에 의한 열 유입으로 바닷물이 팽창한 데에서 비롯된다. 일반적으로 지각변동 등 지질학적 변동에 의한 육지의 침강/융기 속도는 지구온난화가 일어나는 시간보다 훨씬 긴 지질학적 시간규모로 움직이기 때문에 지구의 평균 해수면의 변화에 미치는 영향은 상대적으로 작다.

많은 지구과학자가 우려하는 대로 지구 대기의 이산화탄소 농도 증가로 지구온난화가 가속화한다면 앞으로 100년 이내에 해수면이 60∼90센티미터 상승할 것이라고 한다. 평균 고도가 1∼2미터 정도에 지나지 않은 열대 서태평양의 도서국(바누아투, 투발루 등)에서는 이 정도의 해수면 상승에도 국토의 상당 부분이 바닷물에 잠기는 심각한 상황이 현재 벌어지고 있다.

육지의 융기 또는 침강이 지구 평균치보다 작다 해도, 화산이나 단층 활동이 활발한 지역에서는 해수면 변화에 미치는 육지의 수직적 변화가 지구온난화에 의한 해수의 팽창으로 일어나는 해수면 상승 영향에 비해 결코 무시하지 못할 만큼 크게 작용하기도 한다.

평균 고도가 낮은 서태평양 도서국의 경우, 해저 확장에 의한 판의 수평적 이동과 함께, 서태평양 섬들을 받치고 있는 해양판이 일본열도를 포함한 육지판 아래로 함몰되어 내려가는 지각변동*에 따라 서쪽으로 이동하면서 섬이 조금씩 침몰하는 현상이 진행되고 있다. 즉, 지구온난화로 바닷물의 전체 부피가 팽창하면서 해수면이 상승하는 현상에 덧붙여 육지 지각변동의 하나인 해저 확장으로 해양판이 육지판 밑으로 들어감(함입 또는 섭입)에 따라 발생하는 판(plates)**의 침강 또는 기울임 현상, 그리고 해양판 위에서 판과 함께 이동하는 섬들의 침몰 현상이 복합적으로 나타나 일본 동부 해역의 섭입대(攝入帶)를 주 경계로 하여 열대 서태평양 섬들의 상대 해수면 상승효과가 더욱 크게 두드러진다.

이처럼 육지의 융기 또는 침강에 따른 육지면 변화와 바닷물의 팽창 또는 수축에 따른 해수면 변화가 합쳐져서 '상대 해수면 변화'로 나타난다. 산업혁명 이후 인류가 화석연료를 태워 대기 중에 방출하는 이산화탄소(CO_2)에 의한 '부가적인 지구온난화'***로 대기의 기온 상승이 바다의 수온 상승으로 이어져 바닷물 전체의 부피가 늘어나 해수면의 상승효

---

* 태평양 해저 '중앙해령'에서부터 매년 수 센티미터씩 서쪽으로 확장 이동하는 해양판이 일본열도를 포함한 육지판 아래로 함몰되는 섭입대(subduction zone) 주변에서 지진이 자주 발생하는 원인이다.
** 판구조론에서는 지각(crust)과 맨틀의 상부를 암석권(lithosphere, 두께 50~250킬로미터), 그 아래 암석권의 플레이트(판)를 떠받치고 있는 연약권(asthenosphere)으로 구분한다.
*** 지구 대기 중에 존재하는 수증기와 이산화탄소를 포함한 온실기체는 지구 대기의 온도를 생물이 살기에 적정한 온도로 유지하는 데 필요하지만, 산업혁명 이후 인류가 화석연료를 태움에 따라 대기 중 이산화탄소 농도가 높아짐으로써 부가적인 지구온난화를 일으켰다.

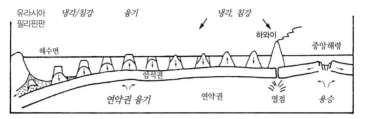

유라시아
필리핀판   냉각/침강   융기   냉각, 침강

해수면   하와이   중앙해령

                        암석권
        연약권 융기   연약권   열점   용승

그림 6-4 태평양에서 해저 확장과 섬의 생성과 발달을 설명하기 위한 모식도

과를 일으킨 것이다.

게다가 따뜻해진 대기로 극지방의 얼음, 특히 남극대륙과 그린란드의 빙붕(氷棚)이 녹아 해수면 위에 엄청난 양의 담수를 방출함으로써 해안 저지대와 해발고도가 매우 낮은 태평양 도서국 일부가 침수되고 있다. 해수면 상승의 이러한 장기적 추세는 21세기 말이 되기 전에 해수면이 현재보다 최소 60센티미터 이상 높아질 것이라고 전문가 대부분이 예고하고 있다.

07

서안경계류

대양의 표층해류 시스템

　별자리를 보며 대양을 항해하던 탐험가에게 바람과 해류에 관한 지식은 지도만큼이나 중요한 정보였다. 열대 바다 위로 부는 무역풍(貿易風)은 북반구에서는 북동풍, 남반구에서는 남동풍이 거의 일 년 내내 불지만, 이 두 바람이 모이는 수렴대(收斂帶)는 연중 계절적 변동을 보인다. 즉, 북반구의 겨울에는 그 수렴대가 북위 4도 내외($\sim 4\degree$N)에서 형성되는 반면, 남동풍이 더 세지는 북반구의 여름철에는 북위 8도 내외($\sim 8\degree$N)에서 수렴대가 형성된다.

　이렇게 연간 변동을 보이는 열대 수렴대(Intertropical Convergence Zone, ITCZ)를 중심으로 비가 집중적으로 많이 내리는 강수대가 형성되어 있다. 이 열대수렴대를 따라 북동풍과 남동풍이 수렴하여 바람의 세기가 주변보다 상대적으로 약해지는 띠를 형성하는데 이를 '적도무풍대(赤道無風帶)'라고 한다.

서안경계류

탐험 항해의 시대(대항해시대)에 열대 대양의 서쪽 연안(서안)에서 육지 경계를 따라 빠르게 흐르는 '서안경계류(西岸境界流)'를 발견하고 이 흐름을 '대양의 강(江)'이라고 했다. 항해 탐험가들에게 널리 알려진 대표적인 서안경계류인 '쿠로시오(黑潮)'와 '걸프스트림(Gulf Stream)'에 대해서 자세히 알아보자.

열대 태평양에서 남동무역풍은 적도 주변의 표층해류인 '남적도해류'를 서쪽으로 밀어주는 원동력이 되고, 열대 수렴대 이북에서 부는 북동무역풍은 '북적도해류'를 서쪽으로 밀어주는 원동력이 되며, 이 두 서향류는 서쪽 끝에서 육지를 만나 각각 두 개의 지류로 나뉘어 흐른다.

북적도해류가 서안에서 남쪽으로 갈라지는 지류와 남적도해류가 서안에서 북쪽으로 갈라지는 지류가 필리핀 남부(민다나오) 동부 해안에서 서로 만나서 일부는 '인도네시아를 통과하는 해류(인도네시아통과류, Indonesian Through-Flow, IFT)'로 흐르고, 일부는 대양 쪽으로 되돌아 나와 북적도해류와 남적도해류 사이에서 반대 방향(동쪽)으로 흐르는데 이를 북적도반류라고 한다.

다시 말해, 북쪽으로 향하는 지류인 쿠로시오는 북적도

해류가 서안(필리핀 연안)에서 나뉘는 두 지류 중 루손섬의 동쪽에서 시작되어 루손해협 동부 해역과 대만 동쪽 연안을 통과하여 북쪽으로 흐르면서 주변 해역과 재순환 과정을 거치면서 유속이 빨라지고 수송량이 늘어나 일본 남부 해역을 빠르게 통과는 서안경계류이다. 남적도해류가 태평양 서안에서 나뉘어 남쪽으로 향하는 지류인 '동호주해류'는 쿠로시오와 쌍을 이루는 남반구의 서안경계류로, 쿠로시오에 비해 유속이 훨씬 느리다.

대서양은 태평양에 비해 동안과 서안 사이의 거리가 훨씬 짧은 반면, 아프리카 연안(또는 기니만)에서 시작된 남적도해류가 적도를 따라 서쪽으로 흐르다가 아마존 연안 부근에서 위도에 비스듬히 경사진 해안선을 따라서 대부분 적도를 통과하여 북반구인 카리브해안을 지나 멕시코만으로 흘러든다. 멕시코만 안에서 대체로 시계 방향으로 한 바퀴 순환하는 멕시코만류*는 플로리다반도의 남단을 빠져나가 북미대륙 연안을 따라 북동 방향의 서안경계류인 걸프스트림을 형성한다.

한편, 아프리카 적도 연안에서부터 서행하는 남적도해류

---

* 예전에는 멕시코만을 시계 방향으로 돌아 나가서 북미 동해안을 따라 흐르는 '서안경계류'를 포함하기도 했으나 지금은 멕시코만 안에서 순환하는 흐름을 의미하는 해류(loop current)로 그 범위가 축소되었다.

가 남아메리카대륙을 만나 남쪽으로 갈라져 흐르는 '브라질 해류'는 북반구의 서안경계류인 걸프스트림보다 유속이 느리고 수송량도 상대적으로 적다.

인도양의 북반구는 육지로 막혀 있으며 인도를 가운데에 두고 서쪽의 아라비아해와 동쪽의 벵골만으로 나누어져 있어 태평양이나 대서양에서처럼 서안경계류의 존재가 뚜렷하지 않다. 적도를 따라 흐르는 남적도해류가 강해지는 북반구의 여름철에는 소말리아 해안을 따라 북동쪽으로 흐르는 '소말리해류'가 나타나며, 북동풍이 강해지는 겨울철에는 소말리아 해안에서부터 마다가스카르해협까지 흐르는 '아굴라스해류'가 나타난다.

쿠로시오

북태평양 '아열대 순환(亞熱帶循環)'의 서안경계류인 '쿠로시오(Kuroshio, 黑潮)'는 북적도해류가 필리핀의 루손섬 동부 해안에서 북쪽으로 갈라져 흐르는 지류에서 시작된다. 이 지류가 대만 남동해안을 통과하여 대륙붕 경사면을 따라 류큐열도와 평행하게 북동쪽으로 진행하면서 류큐열도 안팎으로 재순환이 발생하고 또 재합류 과정을 거치면서 수송량

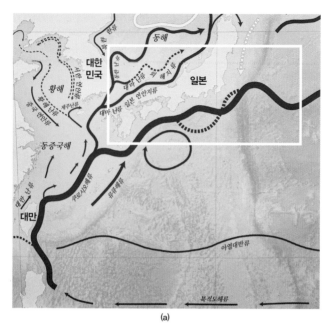

(a)

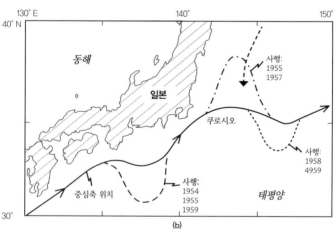

(b)

그림 7-1 북서태평양과 우리나라 주변 해류의 모식도(a)와 서안경계류인 쿠로시오가 일본 남부 해역(흰색 네모)에서 보이는 변동성(1954~1959)(b)

이 점차 늘어나는 흐름을 보인다. 쿠로시오는 일본열도 남부 해역에서 규슈섬 남단에서 혼슈섬의 이즈반도까지 흐르다가 '쿠로시오 확장류(Kuroshio Extension)'와 '북태평양해류(N. Pacific Current)'로 연결된다.

북대서양의 서안경계류인 걸프스트림에서도 공통적으로 나타나는 현상이지만, 쿠로시오 주변에는 '난수(暖水) 소용돌이'와 '냉수(冷水) 소용돌이'가 주로 관측되는데, 쿠로시오 중심축을 중심으로 상대적으로 따뜻한 외해 쪽 물이 연안 쪽에 포획되어 떨어져 나가면 난수 소용돌이가 형성되고, 연안의 차가운 물이 중심축 외해 쪽으로 포획되어 떨어져 나가면 냉수 소용돌이가 만들어진다.

걸프스트림

멕시코만 안으로 유입된 북적도해류의 일부가 만 내에서 시계 방향으로 돌아 흘러 플로리다반도 남단을 빠져나가면서 멕시코만으로 유입되지 않고 북향하는 북적도해류 일부와 재합류하여 (북대서양 아열대 순환의 서안경계류로서) 흐르는 '걸프스트림'은 북아메리카대륙의 동해안을 따라 흐른다. 걸프스트림은 북아메리카 연안을 따라 지류의 합류와 재순환

과정을 거치면서 수송량이 증폭되어 흐르다가 해터러스곶(Cape Hatteras)에서 북아메리카 해안을 이탈하여 북대서양을 가로질러 흐른다.

걸프스트림의 외해 쪽에는 연안의 차가운 물이 포획되어 반시계 방향으로 도는 냉수 소용돌이가 보이고, 걸프스트림의 중심축에서 안쪽으로 떨어져 나간 난수 소용돌이는 시계 방향으로 회전한다. 이러한 소용돌이는 지름 150~300킬로미터의 크기로, 최대 2년가량 그 모습을 유지한다. 일단 소용돌이가 생성된 후에는 걸프스트림의 남쪽~남서쪽으로 하루에 수 킬로미터씩 이동하다가 나중에는 걸프스트림에 다시 합류하여 사라진다.

인공위성 고도 자료를 보면 냉수 소용돌이는 마치 대기에서 저기압의 중심처럼 주변보다 해수면이 수십 센티미터 더 낮게 (움푹 파인 형태로) 관측되며, 반대로 난수 소용돌이는 대기에서 고기압의 중심처럼(마치 지름 200킬로미터 크기의 볼록렌즈처럼) 주변보다 수십 센티미터 더 높게 관측된다.

걸프스트림은 북대서양 아열대 순환의 서쪽에서 빠르게 흐르는 서안경계류이며, 그 한가운데에 상대적으로 흐름이 느리고 염분이 상대적으로 높은 '살가소(Sargasso)해'가 넓게 자리 잡고 있다. 남적도해류의 일부가 남아메리카 연안을 따

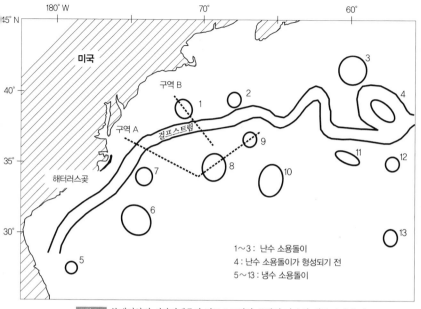

그림 7-2 북대서양의 서안경계류인 걸프스트림과 주변의 난수와 냉수 소용돌이
(1975년 3~7월 사이 관측 자료)

라 갈라져서 흐르는 브라질해류는 남대서양의 서안경계류
를 형성하지만 유속이 걸프스트림만큼 빠르진 않다.

대양의 아열대 순환에서 서안경계류가 존재하는 이유
는 지구 자전의 영향이며, 만약 지구가 반대 방향으로 자전
한다면 '서안경계류' 대신 '동안경계류'가 형성되었을 것이다.
남태평양에서도 '남적도해류'의 일부가 호주 동부 해안을 따
라 흐르는 '동호주해류'가 태평양 남반구의 서안경계류를 이

루고 있지만, 지리적 형태의 영향으로 북반구의 쿠로시오에 비해 매우 짧고, 유속도 상대적으로 느리며, 따라서 수송량 도 훨씬 적다.

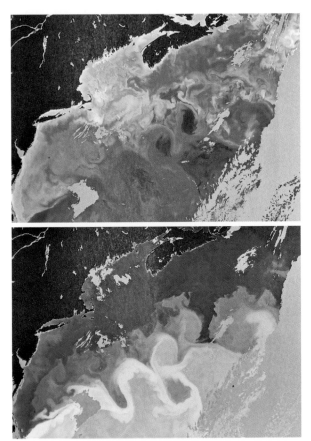

그림 7-3 북대서양 서안에서 걸프스트림 주변의 엽록소 농도 분포(위)와 표면 수온 분포(아래)

08

해양 – 대기의 상호작용

하나의 시스템, 두 개의 유체

지구 표면의 71퍼센트를 바다가 덮고 있으니 인류가 딛고 서 있는 육지 면적은 지구 전체 표면적의 30퍼센트에도 못 미친다. 지표면(29%)과 수표면(71%)을 포함하는 지구 표면 위에는 대기 가스인 공기가 덮고 있다.

대양의 평균수심은 4~5킬로미터 정도이며, 해수의 부피와 질량은 13.7억 기가톤(gigaton, Gt=$13.7 \times 10^9 \, \mathrm{m}^3$)에 이른다. 해수면과 육지를 포함하여 지구 표면을 덮고 있는 대기 밀도 중 99퍼센트를 차지하는 대류층은 바닷물(액체)보다 약 1천분의 1 정도로 가벼운 공기(기체)로 채워져 있으며, 해수 표면을 통해 에너지(열)와 물질(수증기), 운동량을 서로 교환한다. 즉, 바다와 대기는 해수면을 경계로 액체인 바다와 기체인 대기가 위 세 가지 물리량을 시차를 두고 서로 주고받으며 지구중력의 영향을 받는 하나의 시스템으로 작동한다.

그렇다면 도대체 지구는 언제부터 이러한 하나의 유체

시스템으로 유지해 왔으며, 해양과 대기의 상호작용 방식은 어떻게 작동할까?

그 해답은 지구의 생성 기원, 바다와 대기의 진화과정에서 찾을 수 있다. 우주의 빅뱅이론(The Big Bang theory)과 지구 탄생의 기원 이론에 따르면, 지구는 약 46억 년 전에 생성되었고, 이때 지구의 원시대기에는 산소가 없었으며, 지구 내부의 원소와 수증기가 빠져나가서 비가 내리는 과정이 20억 년 이상 진행되었다고 한다. 이러한 강우와 증발 과정에서 소금이 함께 빠져나와 민물의 원시바다에 소금기가 축적되어 현재와 같이 안정적으로 거의 일정한 비율의 염분을 유지하게 된 것은 약 25억 년 전이라고 한다. 또 비가 내리고 증발하고, 다시 비가 내리는 과정을 반복하는 이 오랜 기간에 질소, 산소를 포함한 여러 원소가 빠져나와 현재와 같은 대기를 이루게 되었다.

해수면(그리고 지표면)과 대기 사이에 현재 가장 활발하게 이동하는 물질은 물이다. 액체인 물은 한계치 이상으로 열에너지를 흡수하면 기체인 수증기가 되고, 또 다른 한계치 이하로 열에너지를 빼앗기면 고체인 얼음이 된다.

물 순환: 강수와 증발

지구상에서 강수(비 또는 눈)와 증발을 일으키는 최대 요인은 태양열과 태양열을 받아들이는 해수면(과 지표면)의 태양 고도이다. 북극권과 남극대륙을 포함한 남극권에서는 태양 고도가 일 년 내내 낮기 때문에 해수면(그리고 지표면)에 도달하는 태양열 에너지는 저위도 지역에 비해 상대적으로 낮다. 물은 공기에 비해 열을 저장하는 열용량(熱容量)이 매우 크기 때문에 대양은 거대한 에너지 저장고이며, 바다는 대기의 열과 운동량을 시차를 두고 흡수하거나 방출함으로써 대기의 흐름을 조절하는 기후 조절자의 역할을 담당한다.

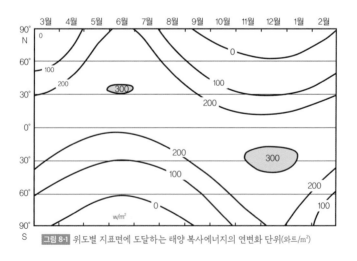

그림 8-1 위도별 지표면에 도달하는 태양 복사에너지의 연변화 단위(와트/m²)

〈그림 8-1〉은 구름이 없는 상태에서 평균 대기투과율*을 70퍼센트라고 가정할 때 연중 위도별 지표면에 도달하는 태양 복사에너지의 하루 유입량을 나타낸다. 태양이 지표면에 도달하는 낮이 길수록 하루 유입량은 커질 것이며, 태양의 남중고도가 90도일 때 최대가 되고, 고도가 낮아질수록 (단파복사) 에너지가 줄어들 것이다.

그리고 대기 중 수증기를 포함한 대기 가스와 먼지에 의한 흡수율의 차이도 조금씩 발생한다. 주요 분포 특징으로는 1) 남반구와 북반구의 여름철에 각각 최댓값은 위도 30도에서 나타나며, 2) 남반구와 북반구의 겨울철에 고위도에서는 태양 복사에너지 유입이 없다는 것, 3) 북반구에서보다 남반구에서 복사에너지 유입량이 크다는 점인데, 그 이유는 지구가 태양 주위를 도는 타원궤도 상에서 남반구의 여름철에 태양에 더 가까이 접근하기 때문이다. 고위도 지방에서는 여름과 겨울에 태양 복사에너지 유입량이 크게 차이 나지만, 적도 부근의 저위도 지방에서는 연중 큰 차이를 보이지 않는다.

물론 〈그림 8-2〉에서 보듯이 대기 중 구름과 수증기, 그

---

* 대기 상층에 입사되는 태양 복사에너지에 대해 대기를 통과하여 지표면에 도달하는 복사에너지의 비율

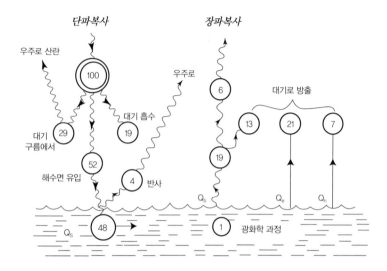

그림 8-2 태양의 단파복사 유출입과 해수면에서 장파복사의 흡수/방출 비율

외 대기 가스의 의한 흡수와 산란 그리고 해수면에서 반사 작용으로 해수에 흡수되는 태양의 단파복사 에너지는 약 절반(48%) 정도로 감소한다. 일단, 해수에 흡수된 태양 단파복사 에너지는 간단한 물리법칙*에 의해 세 가지 형태의 에너지**로 바뀌어 대기(41%) 또는 우주(6%)로 대부분 발산되고,

---

* '흑체복사의 법칙(슈테판 법칙Stefan's law)'과 '짧은 파장에 복사에너지가 집중된다는 법칙(빈의 변위법칙 또는 빈 법칙Wien's displacement law, Wien's law)'이 적용된다.
** 지구의 '장파복사 에너지'(=Q_b), 증발에 의한 '잠열'(=Q_e), 해수와 대기 사이 열전도 유출입량인 '현열'(=Q_h)을 말하며, 그 평균 비율은 〈그림 8-2〉와 같다.

아주 일부(1%)가 해수 중 엽록소가 있는 식물플랑크톤의 광합성 과정에 이용되기도 한다.

〈그림 8-2〉의 장기적 지구 평균값 백분율에서 해수면에 도달하는 48퍼센트 중 29퍼센트는 태양으로부터 직접 도달하는 복사량이며, 19퍼센트는 대기에서 흡수와 산란된 간접 복사량이다. 지역에 따라 그리고 운량(雲量, cloud cover)에 따라 일별, 계절별로 차이를 보인다.* 또한 각 대양의 지리적 분포와 위도, 경도에 따라 평균 운량의 분포와 습도가 각각 다르기 때문에 해수면에 유입되는 태양의 단파복사 에너지뿐만 아니라, 해수에서 다시 방출하는 세 가지 형태의 복사 에너지의 연평균값도 태평양, 대서양, 인도양에서 위도/경도별로 분포를 달리한다.

7장에서 다룬 서안경계류는 일반적으로 열대 해역의 따뜻한 수온의 해수가 증발과 전도/대류작용에 의해서 열에너지를 대기 중으로 방출하며, 동태평양 적도 해역에서는 9장에서 다룰 '적도 용승' 작용으로 깊은 수심의 차가운 해수가 대기의 열을 흡수하는 지역적 현상이 발생하여 대양의 해수 표면에서 '열수지(熱收支, heat budget) 분포'는 서안경계류인 쿠

---

* 태양으로부터 대기 바깥에 매초 단위면적당 도달하는 복사에너지를 '태양상수(=1360 와트/제곱미터)'라고 하며, 태양광이 해수면에 도달하는 최댓값은 남중고도일 때 그 절반 정도인 680와트/제곱미터이다.

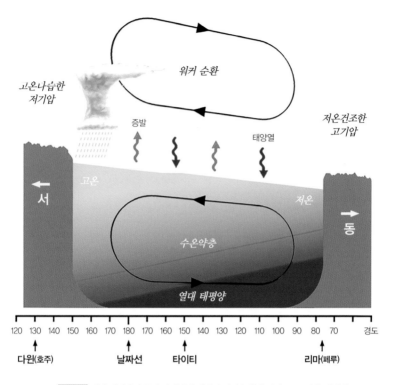

그림 8-3 열대 태평양의 동서 단면에서 평년의 대기순환과 기압 구조, 상층 해양의 수온 구조를 나타낸 모식도

로시오(북서태평양), 걸프스트림(북서대서양) 해역과 적도 동태 평양 사이에서 가장 큰 대조를 보인다(《그림 8-4》).

대기와 해양 사이에 주고받은 열에너지는 해양의 남북 순환(meridional overturning circulation)에 따라 열수송(熱輸送)이 발생한다. 적도 동태평양에서는 무역풍과 지구 자전 효과에 의해 열에너지를 포함한 상층 해수가 적도에서 멀어지는 방

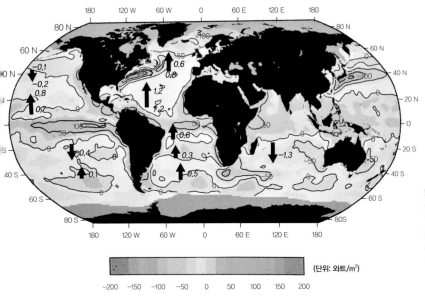

그림 8-4 대양의 연평균 순열 유출입량(와트/m²) + 남북 방향의 열수송량(PW=10¹⁵와트). 서안경계류 해역에서는 바다에서 대기로 열 유출(-), 적도 동태평양에서는 대기에서 바다로 열 유입(+)이 발생(화살표는 남북 방향 열수송)

향으로 이동함에 따라 적도 용승이 발생하며, 대서양에서는 전체적으로 남반구에서 북반구로 열수송이 발생한다. 북반구가 육지로 막혀 있는 인도양에서는 열대 해역의 따뜻한 해수가 남반구로 이동하는 연평균 열수송이 이루어진다.

바닷물, 거대한 에너지 저장고

　지구 기후체계는 대기와 해양 이외에 빙권(氷圈, cryosphere.
해빙과 빙산/빙붕 포함), 육지(담수 포함), 생물권(육지, 대기, 해양에
사는 모든 생물)의 5가지 요소로 구성되어 있다(《그림8-5》).

　대기는 가장 짧은 시간규모(10~30일)로 열, 운동량, 물을
포함한 대기 기체가 순환한다. 해양은 이보다 긴 시간규모
(수개월~1천 년)로 순환하며, 상층 해양은 바람과 태양열, 증
발과 냉각작용에 의해 잘 혼합된다. 이 '해양 혼합층'은 해수
면을 통해 열, 운동량, 물질(물, 대기 가스 포함)을 시차를 두고
대기와 상호작용한다. 해양 혼합층과 심층 해양은 수온이 급

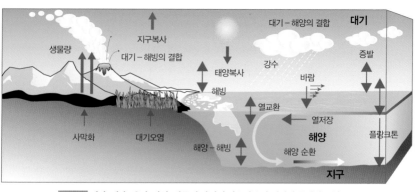

그림 8-5 대기-해양-육지-빙권-생물권 사이의 상호작용과 에너지 물질의 교환

격하게 변하는 '수온약층'을 경계로 나뉘며, 대양의 환류 순환과 연관된 '약층 순환'은 해양 혼합층보다 긴 시간규모(수년~수십 년)로 순환이 이루어진다.

심층 해양은 이보다 더 긴 시간규모(수백~1,000년)로 순환이 이루어지며, 3개 대양 중 가장 역동적인 대서양의 순환 시간은 태평양보다 상대적으로 짧은 편이다.

지구상 존재하는 물 총량의 2퍼센트, 담수의 75퍼센트를 차지하는 빙권에서 가장 짧은 시간규모로 이동하는 것은 북극해와 남극대륙 주변에 수 미터 두께로 떠다니는 유빙(流氷)과 빙상(氷床)이며, 대기/해양과 열교환 또는 대기의 강수량에 따라 성장/소멸한다. 따라서 빙상은 바람과 해류의 영향으로 얼거나 녹기 때문에 해양과 대기의 순환에 크게 영향을 받는다.

북극해와 남빙양에 덮여 있는 해빙(海氷, sea ice)은 해양에서 대기로의 열전달을 상당 부분 차단하여 수온을 조절하는 중요한 역할을 담당한다. 빙산의 성장과 소멸은 수십에서 수백 년, 주요 빙상과 빙붕(氷棚, ice shelf)은 수천 년의 시간규모로 성장하고 소멸하지만, 지구의 주요 빙하가 온난화에 의한 수온 상승으로 지난 150년 동안 녹아내리는 소멸 과정을 보이고 있다.

육지의 지표면을 통한 열수지는 기온으로 조절되며, 태양 복사에너지의 흡수는 지표면이 눈, 얼음, 사막, 식생(植生, vegetation)의 종류와 그 범위에 따른 반사율(albedo)에 좌우된다. 한편, 증발에 의한 열 손실은 식생과 토양에 저장된 물, 강이나 호수, 지하수의 양에 따라 달라진다. 반사율의 변화는 기후체계에서 매우 중요한 요소로, 만약 지표면에서 눈이 녹아 버리면 반사율이 80퍼센트에서 20퍼센트로 급격히 감소하여 태양 복사에너지를 4배 더 흡수하게 되므로 눈이 녹은 지표면의 기온이 급상승한다. 또한 1970~1980년대에 걸쳐 진행된 사하라사막의 가뭄으로 지표 반사율이 높아져 이 지역에 강우량의 감소를 가져왔다.

생물권은 현재의 대기상태를 이루는 과정의 일부로 중요한 요소이다. 예를 들면, 주성분이 탄산칼슘($CaCO_3$)으로 구성된 어떤 플랑크톤의 이상증식으로 해수의 반사율이 높아지면 태양 복사에너지의 흡수를 방해하여 수온을 낮추는 결과를 일으킬 수 있다.

열대우림은 물과 영양염이 매우 효율적으로 순환되는 대표적인 생태계로, 만약 숲이 사라진다면 비가 자주 오더라도 물이 빨리 증발하여 저질의 작은 나무가 자라는 관목지(灌木地) 중심의 반건조 지대로 바뀔 것이다.

위에서 살펴본 다섯 가지의 기후체계 조절 요소 가운데, '엔소(ENSO: El Niño-Southern Oscillation, 엘니뇨 남방 진동)' 현상(11장 참조)은 열대 해양과 대기가 주로 상호작용하여 발생하며, 사하라사막의 장기 가뭄 현상은 육지(와 담수), 생물권, 대기 등 세 가지 요소에 의해 발생하는 기후 현상이다.

09

용승 현상

용승 현상의 조건

자전하는 지구에서 운동하는 모든 물체는 위도에 따른 자전 속도의 차이로 인하여 북반구에서는 물체의 운동 방향에 대해 오른쪽으로, 남반구에서는 왼쪽으로 꺾이는 힘이 발생하며, 이를 '코리올리 효과'라고 함은 앞에서 살펴보았다.

이러한 지구 자전의 코리올리 효과가 바람이 해안선에 평행하게 지속적으로 불 때도 해안에서 특이현상이 발생한다. 이 특이현상이 바로 '깊은 수심의 바닷물이 해수 표면으로 올라오는' 연안 용승(沿岸湧昇) 현상이다. 물론, 용승이 일어나려면 1) 바람이 해안선에 평행하게 지속적으로 불어야한다는 것 이외에도 2) 북반구에서는 육지가 왼쪽에 있어야하며, 남반구에서는 반대로 육지가 오른쪽에 있어야한다는 조건이 따른다.

만약 조건 2)에서 육지가 반대로 놓여 있다면 어떤 일이 발생할까? 즉, 북반구에서 해안선에 평행하게 부는 바람에 대해 육지가 오른쪽에 있다면, 오른쪽으로 꺾여 이동한 바닷물이 육지 쪽으로 향하게 되어 육지 경계에 막힌 해수면이 높아져서 아래로 침강하게 될 것이다.

바람이 해수를 움직이는 방식은 해수면에 작용하는 '마찰(摩擦)' 때문이다. 이 마찰력과 지구 자전에 의한 '전향력' 또는 '코리올리 효과'가 역학적으로 균형을 이룰 때 이론적으로 해수면에서는 바람 방향에 대해 오른쪽으로 45도 기울어지며, 해수면부터 바람의 영향이 미치는 수심까지 오른쪽 나선형으로 수심이 깊어짐에 따라 조금씩 꺾이게 되어 결과

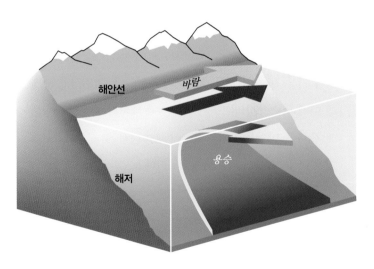

그림 9-1 북반구에서 연안 용승이 일어나는 원리를 나타낸 모식도
(바람 방향에 대해 표층으로 용승 후 오른쪽으로 이동한다.)

적으로 바람 방향에 대해 오른쪽으로 90도 꺾인 방향으로 해수가 이동하게 된다.*

해안에서 바닷물이 바깥쪽으로 빠져나가거나 해안가에 바닷물이 모일 때 수직적으로 용승 또는 하강 현상이 발생하기도 한다. 연안 용승 현상이란 바람이 해안에 평행하게 불 때 바람 응력과 지구 자전 효과인 코리올리의 힘이 균형을 이루어 북반구에서는 '에크만 해류'에 의해 바닷물이 해안선 오른쪽으로 이동하므로 그 아래에 있는 물이 솟구쳐 올라와 공간을 채우는 현상을 말한다. 만약 바람 방향이 반대라면 바닷물이 해안선 쪽으로 이동하여 해수면이 높아지면 표층수가 아래로 작용하여 침강하는 현상이 발생할 것이다.

우리나라 남동해안(감포~포항 사이)에서 한여름에 남풍이 며칠 이상 지속적으로 불 때, 이러한 연안 용승 현상으로 땡볕 아래 해수욕장의 뜨거운 백사장과 대비되어 깊은 수심에서 올라온 바닷물로 해수욕객이 물속에서 몇 분 이상 견디기 어려울 정도의 추위를 느끼게 된다.

그렇다면 바람이 얼마 동안 불어야 용승이 일어날까? 연

---

* 기상학자 에크만(Ekman)이 1905년에 제시한 이론에 따라, 마찰력이 해수 표면에서 수심에 따라 점차 줄어들면서 북반구에서 오른쪽으로 회전하는 나선형의 흐름을 '에크만 나선', 마찰력의 영향이 미치는 수심을 '에크만 수심', 또는 '에크만층'이라고 하며, 바람 방향에 대해 90도 꺾여 이동하는 흐름을 '에크만 수송'이라고 한다.

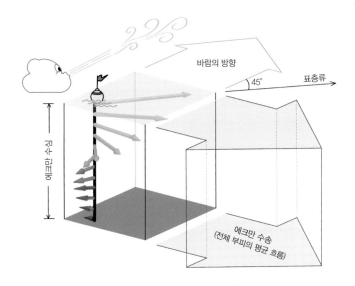

바람의 방향

45°

표층류

혼합층 깊이

에크만 수송
(전체 부피의 평균 흐름)

그림 9-2 해수면 위로 부는 바람에 대하여 (북반구에서) 표층수가 마찰력에 의해 오른쪽으로 나선형 모양으로 꺾이면서 줄어드는 '에크만 나선'과 바람의 영향이 미치는 '에크만층'에 형성된 평균 흐름

안 용승은 보통 바람이 며칠 동안 같은 방향으로 불 때 발생하며, 우리나라 남동해안에서 연안 용승이 일어나는 범위는 수십 킬로미터 정도이다. 여름철에 울산~포항 사이의 남동해안에서 며칠 동안 계속 남풍이 불고 나면 연안 용승을 관찰할 수 있다.

필자는 포항 북부 해수욕장에서 모래밭을 맨발로 걷기조차 힘들 만큼 뜨거웠던 어느 여름날, 흐르는 땀을 잠시 식히려고 바닷물에 몸을 담근 순간 물이 너무 차가워 5분을 채 견디지 못하고 다시 뛰쳐나왔던 기억이 있다.

바로 그곳의 바닷물이 용승에 의해 깊은 수심의 차가운 바닷물이 올라왔기 때문이며, 그날 이전부터 남풍이 4~5일 동안 지속적으로 불었음을 기상자료를 통해 확인할 수 있었다.

용승 작용에 따라 표층으로 올라온 수심 200~300미터의 바닷물은 수온이 낮을 뿐만 아니라 플랑크톤의 먹이인 영양염이 풍부하여 자연적으로 어장이 형성된다. 즉, 지속적으로 부는 바람의 세기와 범위가 넓을수록 영양염이 풍부한 해수가 표층에 공급되므로 세계적으로 유명한 어장은 이러한 연안 용승 조건을 갖춘 곳이 대부분이다.

육지 경계(해안선)가 연안 용승의 한 가지 전제 조건이라면, 대양에서 용승이 일어나는 경우는 없을까? 대양에서도 적도를 따라 발생하는 용승 현상이 있으며, 이를 '적도 용승(赤道湧昇)'이라고 한다. 적도 용승은 적도 주변을 따라 동쪽에서 서쪽으로 부는 무역풍 때문에 발생하는데, 그 이유는 적도 이북에서는 오른쪽으로 코리올리 효과가 작용하고, 적도 이남에서는 왼쪽으로 작용하여 적도 바로 아래 수심으로부터 해수가 표층으로 올라오는 용승 현상이 연중 거의 일년 내내 일어난다.

연안 용승이든, 적도 용승이든 용승 발생 해역은 수온뿐만 아니라 해수면 높이도 주변 해역보다 더 낮다.

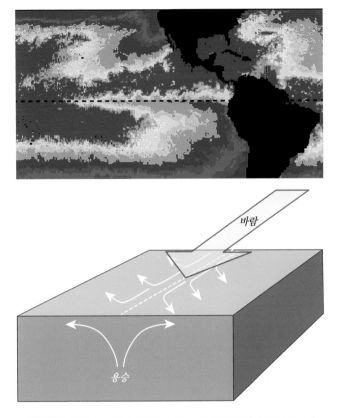

그림 9-3 동태평양에서 적도를 중심으로 표면 수온 자료가 파란색(저온)으로 표시된 적도 용승(위)과 바람(무역풍)에 의한 해수의 용승-발산-이동을 적도 용승의 원리로 나타낸 모식도(아래)

10

이상기후

확장하는 아열대, 사라지는 봄과 가을

지구 표면의 기온을 결정하는 원천은 태양열이며, 고도에 따른 태양복사열이 지면에 도달하는 공기의 온도를 결정한다. 또한 공기에 비해 약 천 배 이상 열을 포함할 능력(열용량)이 있는 바닷물의 흐름(해류)에 의해 다른 곳으로 열이 이동한다. 즉, 더운 해류(난류)의 이동은 기온을 높이고, 차가운 해류(한류)의 이동은 기온을 낮추기도 한다.

20년 전만 해도 온난화의 증거가 불확실하다며 반론을 펴는 지구과학자들 사이의 논쟁이 가끔 눈에 띄었지만, 요즘은 지구온난화에 증거불충분을 들이대며 반대하는 과학자나 정책입안자는 사라진 듯하다. 산업혁명 이후 인류가 내뿜는 이산화탄소가 부가적인 지구온난화를 일으킨다는 사실은 명백하다.

하와이 마우나로아 관측소(Mauna Loa Observatory)에서 항상 관측되고 있는 대기 중 이산화탄소 농도는 1958년에 310

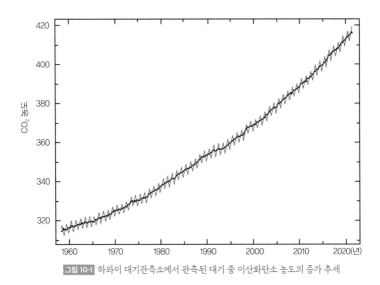

그림 10-1 하와이 대기관측소에서 관측된 대기 중 이산화탄소 농도의 증가 추세

피피엠(ppm, parts per million)에서 2022년 420피피엠으로 약 35퍼센트 높아졌으며 지금도 계속 증가하고 있다. 지구온난화를 막기 위해 국제적으로 도입한 '탄소배출 거래제'*로도 대기 중 이산화탄소 농도의 증가 추세를 막지 못하자, 최근에는 '2050년까지 더 이상 탄소 배출 증가를 허용하지 않는 탄소배출 제로 정책'을 선언하기에 이르렀고, 지구의 환경생태계를 보전하기 위한 정책이 화두가 되고 있다.

---

* 각국에 할당된 탄소 배출량보다 더 많이 배출하는 경우 덜 배출하는 나라에 그만큼 돈을 지불하고 초과 배출량을 사고파는 국제 거래권

온난화의 역설: 혹한과 폭설

　지구촌 곳곳에서 발생하는 기상이변은 인간이 살지 않는 남극대륙에서 빙붕이 떨어져 나갔다거나 해수면이 장기적으로 상승하고 있다는 과학 기사가 아니라, 세계 각국의 도시에서 실제로 발생하는 폭염과 태풍, 홍수 등등이 이제 주변에서 느낄 수 있는 지구온난화의 증거로 우리에게 다가오고 있다.

　지난 2021년 4월에는 열대 서태평양에서 역대 최강기록의 태풍 '수리개(895헥토파스칼hPa)'가 발생하여 일본 남부 해역을 통과한 뒤 소멸되었으며, 7월 하순 일본 중부 지역을 관통한 태풍 '네파탁(994hPa)'은 중국 남부 지역을 휩쓴 홍수 사태와 함께 역대 최악의 폭우와 홍수 피해를 가져왔다. 같은 시기에 독일, 벨기에 등 서유럽에 내린 폭우와 홍수로 100여 명의 인명 손실을 포함하여 매우 큰 경제적 피해를 입었다.

　그리고 남반구의 여름인 2022년 2월, 호주 동부 해안 브리즈번에서는 단 며칠 만에 1년 강수량에 해당하는 1,500밀리미터의 비가 내려 수천 채의 주택과 도로가 물에 잠기는 대홍수가 발생했다. 2022년 3~4월에 인도와 파키스탄에서는 강수량 부족으로 120년 만에 폭염과 함께 곡물(밀) 생산량이 급감했다. 이어서 5월에는 50도를 오르내리는 기온으로 수십 명이 일사병으로 사망했고, 새들이 날다가 탈수 증세로 추락하는 현상도 보고되었다. 그리고 파키스탄에서 기후가 급변하여 1,300명 이상의 사망자와 3천만 명의 이재민이 보고된 폭우가 3개월 지속되었다.

가뭄과 폭염은 북아메리카 서부 지역의 사막화를 재촉하고 있는데, 20년째 서부 최대의 인공호수인 '미드호(Lake Mid)'의 수위가 평년보다 55미터나 낮아져 인공호의 면적이 크게 줄었으며, 여름이 채 시작되기도 전에 평년보다 기온이 크게 올라 미국 서부의 건조한 지역에 물 부족 현상이 더욱 심화되고 있다.

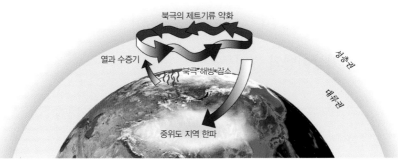

그림 10-2 지구온난화로 북극 해빙이 녹고 북극지방의 제트기류가 약화되어 느려져 중위도 지역까지 겨울 한파를 몰고 오는 현상이 발생한다.

한편, 2021년 겨울 우리나라의 혹한을 예측했던 대기 모델을 살펴보면, 무역풍이 평년보다 강해져 열대 서태평양에 따뜻한 해수가 모이는 난수풀(warm pool) 범위가 확장되는 '라니냐' 시기에 지구온난화로 '극진동(極振動, Arctic Oscillation)'이 약해져 극전선이 중위도 지방까지 세력을 뻗음에 따라 평년보다 추운 겨울을 보냈다.

일본에서는 2022년 2월 중에 평년보다 약 3배에 이르는 많은 눈이 내려 도시 기능이 거의 마비될 정도였다. 특히 북해도에서는 최대 2미터 이상의 폭설로 차량 통행은 물론, 밤새 내린 눈으로 집 밖에 나오지도 못하고 갇히는 사태가 속출했다. 이처럼 북반구의 여러 나라에서 혹한과 폭설에 시달리는 같은 기간 여름에 속하는 남반구의 브라질과 호주에서는 홍수로 사상자가 속출하는 기록적인 폭우가 쏟아져 큰 피해를 입었다.

기상이변의 원인은?

그렇다면 이렇게 지구촌 곳곳에서 빈번하게 발생하는 기상이변의 원인은 무엇일까?

먼저, 평균 주기가 약 4년가량인 해양-대기의 상호작용인 '엘니뇨-남방진동(ENSO)'은 일차적으로 열대지방 저기압과 고기압의 중심위치를 이동시켜 사막 지역에 홍수와 범람을, 열대우림 지역에 가뭄을 일으키는 기상이변을 먼 옛날부터 끊임없이 일으켰다. 그러나 이러한 짧은 주기의 변동성은 이보다 훨씬 긴 수십 년 주기의 변동성에 비해 그 변동 폭이 대체로 심하지 않다고 할 수 있다.

이보다 더 긴(백 년~ 수백 년 주기의) 변동성에 기상이변의 요인이 더해진다면 지구 생명체의 생존에 큰 위협으로 다가올 것이며, 그 위협 요인은 바로 '지구온난화' 추세이다. 좀 더 정확히 말하면, 원래 지구 대기는 생물이 살기에 적합한 양의 온실가스가 대기를 적당히 데워 주는 온난화 효과가 있었는데, 인류가 방출하는 화석연료 연소에 의한 이산화탄소 농도의 증가로 추가적인 온난화가 발생하는 것이 지구온난화 추세이다.

지구온난화는 해수면 상승뿐 아니라 슈퍼태풍의 발생 빈도와 아주 강한 엘니뇨가 발생할 확률을 높이고 있다. 즉, 온난화 추세로 미래에는 적어도 백 년 이상 홍수와 가뭄, 폭설과 혹한이 더욱 심각해질 것이라고 많은 전문가가 예견하고 있다.

2022년 봄부터 여름 사이 지구촌 곳곳에서 폭우와 홍

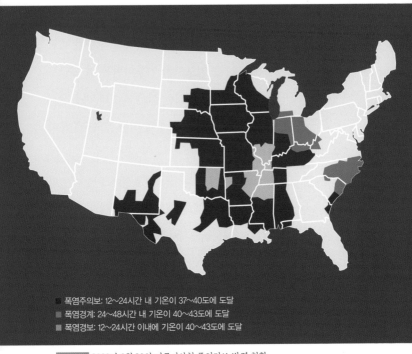

■ 폭염주의보: 12~24시간 내 기온이 37~40도에 도달
■ 폭염경계: 24~48시간 내 기온이 40~43도에 도달
■ 폭염경보: 12~24시간 이내에 기온이 40~43도에 도달

그림 10-3 2022년 6월 20일 미국기상청 폭염경보 발령 현황

수, 대기 불안정에 따른 토네이도와 우박, 폭염이 발생했다. 5~6월 사이 중국 남부 지역에는 폭우와 홍수로 300만 명 이상의 이재민이 발생했고, 산샤(三峽)댐 수위가 댐의 붕괴 위험 수준까지 높아졌다가 기록적으로 낮아지는 가뭄을 겪었다. 6월 미국 서부 산악지역에선 이례적인 폭우로 홍수가

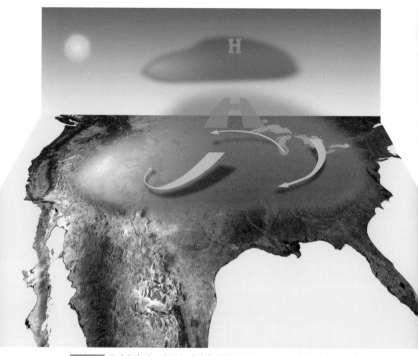

그림 10-3 극지방의 제트기류가 약해져 사행하면서 뜨거운 공기가 대기 중에 갇히는 '열돔 현상'이 나타났다.

발생했으며, 또 '열돔(heat dome)'* 현상으로 전체 인구 3분의 1이 폭염 영향권에 들었고 일부 주에선 소 떼가 폐사했다. 북극도 평년보다 기온이 3도 더 높게 나타났으며, 대기 중

---

* 극지방의 제트기류가 약해져 느리게 움직이면서 중위도 지방까지 그 세력이 남하하여 지상의 수 킬로미터 대기권 중상층에 고기압이 반구 모양의 지붕을 만들어 더운 공기를 가둬 폭염을 일으키는 현상이다.

온실가스의 증가에 따른 폭염 확산으로 스페인, 프랑스, 영국을 포함한 유럽 전역에서 40도를 넘는 폭염으로 '열건강 주의보'가 발령되기도 했다. 또 장마가 끝난 8월 한반도 상공에는 '북태평양 고기압' 위로 '티벳 고기압'이 겹쳐져 열돔을 형성하여 폭염이 이어졌다.

남반구의 한겨울인 2022년 7월에는 남극대륙 부근 킹조지섬에 자리한 세종기지에 비가 내렸다고 한다. 평년 영하 20도 정도를 오르내리던 기온이 영상으로 오른 탓이다.

11

태평양의 엘니뇨와
인도양의 쌍극 모드

엘니뇨와 라니냐: 페루 어부의 이야기

예부터 적도 부근에 살던 페루의 어부들은 몇 년에 한 번씩 연말쯤부터 바람(남동무역풍)이 예년과 다르게 매우 약해진다는 것과 이때는 안초비(anchovy, 멸치의 일종) 어획이 급감한다는 것을 경험으로 알고 있었다고 한다. 페루 북부 파이타 항 부근을 작은 쪽배로 오가는 어부들은 약해진 남동무역풍에 평소와 다르게 반대 방향(북에서 남)으로 흐르는 반류(反流) 현상이 발생하자 이 반류를 '엘니뇨(El Niño, 아기 예수라는 뜻)'라고 불렀다. 크리스마스 무렵에 나타나는 것으로 관측되었기 때문에 붙인 이름이다.

평소에는 강한 남동무역풍으로 연안 용승*이 발생하여 주변 바다보다 수온이 훨씬 낮고 영양염이 풍부한 깊은 수심의 해수가 표층으로 올라와 안초비 어장을 형성한다. 그런

---

* 연안 용승(coastal upwelling): 페루 해안에서 평소 부는 남동무역풍에 대해 표층수가 지구 자전 효과에 따라 서쪽(외해 쪽)으로 이동하고 그 공간을 메우기 위해 아래층에서 차가운 해수가 위로 올라오는 현상이다.

데 남동무역풍이 약해져 연안 용승 작용이 약해지면 영양염이 풍부한 차가운 해수가 깊은 수심으로부터 올라오지 못하고 영양염이 거의 없는 얕은 수심의 해수가 용승함으로써 어장이 형성될 수 없는 조건으로 바뀌게 되는 것이다.

이런 조건에서는 평소 페루 해안에서 남에서 북으로 향하던 '페루해류'가 약해지고 무역풍의 영향으로 고온다습한 기단과 함께 반류인 '엘니뇨 해류'가 적도 부근에서부터 페루 해안을 따라 남쪽으로 흐르면서 평소 비가 내리지 않고 건조하던 페루 해안지역을 포함한 넓은 범위의 저위도 해역에 많은 비를 뿌린다. 이때 홍수로 강물이 범람하는 한편, 몇 주 이내에 사막 환경이 초원으로 바뀌어 평소 식물이 자라지 못하는 곳에서 목화가 자라고, 목초지는 실제로 두 배 이상 늘어난다. 또한 황무지 해안지대에 놀랍게도 물뱀이 출현하며, 바나나와 코코넛 같은 식물이 자라고 평소 눈에 잘 띄던 새 떼와 바다에서 서식하는 동물들이 일시적으로 사라진다.

1960년대 하와이대학교 비르트키(Klaus Wyrtki, 1925~2013) 교수가 태평양과 인도양 전역에 걸쳐 관측한 조석계 자료를 근거로 "페루 해안에서 몇 년에 한 번씩 이례적으로 나타나는 따뜻한 표층수는 대양의 표층순환을 움직이는 바람장

(wind field)의 변화에 따른 결과"라는 과학적 사실을 제공하기 전까지는 해양학자들도 엘니뇨 시기*동안 따뜻한 표층해수가 예외적으로 페루 해안에 나타나는 것으로만 알았으며, 열대 동태평양 전체에서 수천 킬로미터에 걸쳐 이러한 고수온 현상이 나타난다는 사실을 몰랐다.

한편, 이보다 훨씬 앞선 20세기 초에 대기과학자 워커 (Gilbert Walker, 1868~1958)는 1899년 인도에서 발생한 가뭄은 매년 불던 계절풍(몬순)의 체계가 바뀌었기 때문이라는 것과, 인도양과 열대 동태평양 사이에서 불규칙하게 시소처럼 진동하는 해면기압(해수면 대기압)이 그 원인이라는 사실을 알게 되었다. 그는 이런 대기 현상을 '남방진동'**이라고 이름 붙였다. 즉, "계절풍은 지구적 현상의 일부이며, 남방진동은 계절풍 예측의 열쇠"라는 것이 워커의 관점이었다.

기상학자 캘리포니아대학(UCLA)의 비에르크네스(Jacob A. B. Bjerknes, 1897~1975) 교수는 1957~1958년에 해양과 대기의 조건이 평소와 크게 다르게 나타난 것은 그때의 독특한 현상이 아니라 몇 년 주기로 나타난다고 제시했다. '엘니

---

* 이 시기는 페루 전 국토가 풍부한 목초지로 뒤덮이는 '풍성한 해(years of abundance)'로 알려져 있다.

** '남방진동(Southern Oscillation) 지수'는 호주 북부 다윈(Darwin, 또는 인도네시아 자카르타)과 동태평양의 이스터섬 사이의 해수면 기압 차이로 나타낸다.

뇨'를 '페루 해안에 나타난 계절적 역류 현상'으로 보지 않고, 요즘처럼 열대 태평양과 지구 대기순환의 상호작용의 관점에서 '무역풍이 약해져 열대 동태평양의 해면기압이 낮아지고, 열대 서태평양의 해면기압이 높아질 때 나타나는 남방진동의 한 위상'으로 이해할 수 있게 된 데에는 그의 가설과 연구가 결정적이었다.

페루 연안에 강한 용승 현상으로 채워진 차가운 표층수와 열대 서태평양에 쌓인 더운 표층수의 차이로 열대 대기는 동서 방향으로 '워커 순환(Walker circulation)'이 형성된다. 만약 워커 순환이 약해져 이러한 대기의 수직 구조가 깨지고 열대 동태평양이 가열되면 집중 강우가 발생하는 저기압 중심부가 서부에서 중부와 동부로 이동하게 된다. 즉, 열대 태평양에서 수년마다 발생하는 표층 수온의 변화가 남방진동을 일으키는 것이다.

물론, 열대 태평양의 '엘니뇨' 또는 '라니냐(La Nina)*'의 위상이 변하는 기본 원리는 1985~1994년 사이에 집중적으로 연구한 '열대 해양–지구 대기 상호작용(TOGA: Tropical Ocean Global Atmosphere) 프로젝트'에서 대기와 해양 사이의

---

* '엘니뇨'와 반대로 '라니냐(스페인어로 '여자아이'라는 뜻)'는 열대 태평양 동부의 남동무역풍이 강화되어 동서 간 표층 수온 차가 더 커지는 '남방진동' 현상의 한 위상이다.

강도와 시차에 따라 수년 주기로 변한다는 사실이 밝혀졌다. 그 이후 다수의 해양-대기 접합 수치모델에 의한 장기 예측 노력으로 적어도 6개월 전에 엘니뇨/라니냐를 어느 정도 예측할 수 있는 단계에 이르렀으나, 정확한 예측을 위해서는 여전히 풀어야 할 숙제가 남아 있다.

인도양의 쌍극 모드

열대 태평양에 비해 그 길이(폭)가 상대적으로 짧은 인도양이나 대서양에서도 엘니뇨와 비슷한 해양-대기 현상이 나타난다는 사실이 알려진 것은 열대 태평양의 엘니뇨 현상이 역학적으로 밝혀진 1990년대 중반 이후였다. 특히 인공위성 수온 자료를 통해서도 열대 서태평양의 넓은 범위에 걸쳐 퍼져 있는 '난수풀'의 따뜻한 물이 인도네시아해(海)를 거쳐 동인도양으로 빠져나가는 흐름('인도네시아 통과류'라 한다)을 잘 볼 수 있다. 이로써 태평양 엘니뇨의 수년 주기 신호가 인도양에 직간접적으로 영향을 미치고 있음을 알 수 있다.

서태평양과 동태평양 사이에 마치 시소처럼 해면기압이 수년 주기로 오르내리는 현상을 '남방진동(southern

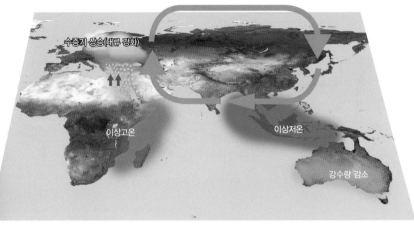

인도양 쌍극 모드

수증기 상승(대류 강화)

이상고온

이상저온

강수량 감소

그림 11-1 인도양 쌍극 모드가 발생할 때 수온 분포와 대기순환 모식도

oscillation)*이라고 하는데, 인도양에서는 이와 비슷하게 서인도양과 동인도양 사이에 해수면 온도가 수년 주기로 오르내리는 현상을 '인도양 쌍극 모드(dipole mode)'라고 한다.

인도양의 '쌍극 모드'는 태평양의 엘니뇨와 남방진동에 관한 연구에 비해 수십 년 늦은 1990년대 이후에 본격적인 연구가 시작되었다. 그러나 태평양과 인도양은 남극대륙 주변을 크게 도는 '남극순환류'뿐만 아니라 태평양과 인도양

---

* 열대 동태평양에서 수온 이상 급상승으로 명명된 '엘니뇨' 현상과 열대 남태평양의 해면기압이 시소 현상을 보인 데에서 이름 붙인 '남방진동'이 해양 – 대기 결합 현상임이 밝혀져 이를 '엔소(ENSO)' 현상이라고 한다.

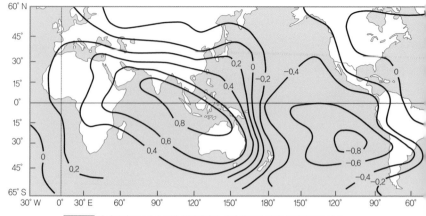

그림 11-2 자카르타(인도네시아)의 해면기압과 상관관계로 나타낸 남방진동 지수

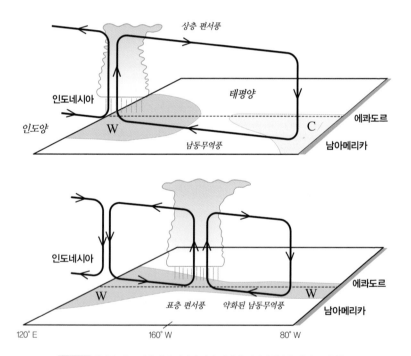

그림 11-3 태평양 적도 상공에서 평년의 기압 배치와 워커 순환(위), 엘니뇨 시기(아래)에는 저기압 중심위치가 태평양 중앙부로 이동하고 평년에 저기압이 있던 인도네시아 상공에는 고기압이 형성된다.

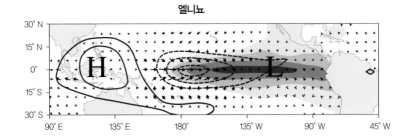

엘니뇨

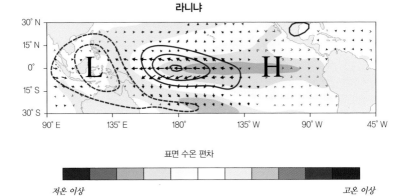

라니냐

표면 수온 편차

저온 이상   *고온 이상*

그림 11-4 엘니뇨(위)와 라니냐(아래) 시기에 해수 표면 수온 분포와 기압 배치
[화살표는 바람의 세기와 방향, H는 고기압, L은 저기압, 등고선은 지구 복사에너지(OLR)를 나타내며, 1980~2016년의 평균 분포]

을 연결하는 인도네시아해(海)를 통해서도 서태평양 난수풀의 신호가 동인도양으로 전달되는 지리적 구조로부터 태평양의 엔소(ENSO) 현상과 유사한 수년 주기 현상을 충분히 유추할 수 있다.

12
—

남빙양

역동적인 대서양

남극대륙은 과거 인간이 살 수 없는 혹한의 조건에서 펭귄 무리만 모여 추위를 견디며 살아가는 곳으로 탐험 대상으로만 존재해 오다가 20세기 후반 이후 '지구 역사와 환경 복원의 핵심'인 연구 대상으로 떠올랐다.

남극대륙은 남극점을 중심으로 〈그림 12-1〉처럼 크게 자리 잡고 있으며, 북쪽으로는 대서양, 인도양, 태평양과 연결되어 있다. 그 남극대륙 주변에서 엄청난 수송량을 품고 거대한 회오리 모양으로 움직이면서 '남빙양(南氷洋)'을 감싸듯이 천천히 돌고 있는 '남극순환류(Antarctic Circumpolar Current)'는 대서양, 인도양, 태평양에 바닷물을 공급하며 심층순환의 원동력을 제공하는 대양 흐름의 중심축이다.

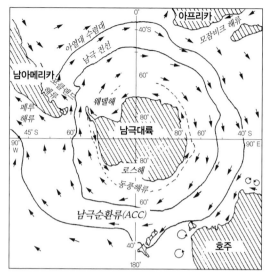

그림 12-1 남빙양의 순환과 남극전선, 아열대 수렴대

남극순환류: 대양의 바닷물 공급원

남극순환류는 남위 50~60도 사이에 형성되어 있는 '남극전선(南極前線, Antarctic Polar Front)'과 남위 40도 내외로 둘러싸인 '아열대 수렴대(亞熱帶收斂帶, Subtropical Convergence)' 사이에서 1,000킬로미터 정도의 폭으로 표층에서부터 수심 4킬로미터에 이르는 해저면까지 '마치 세탁기 중심의 둥근 통(=남극대륙)' 주변에서 지구 자전 방향(또는 시계 방향)으로 도

는 거대한 흐름이다.

따라서 남극순환류가 웨델해에 인접한 남극반도와 남아메리카(칠레)의 남단 사이의 드레이크해협(~650킬로미터)을 일종의 병목현상처럼 빠른 유속으로 통과한 뒤 다시 넓어지는 과정에서 서로 다른 수괴의 혼합과 와류현상이 활발하게 일어난다. 또한 웨델해에서는 결빙(結氷)과 냉각(冷却) 작용이 왕성하게 일어나 무거워진 해수가 남극대륙 경사면을 따라 가라앉으면서 대서양에 심층 해수를 공급함으로써 일차적으로 대서양 심층 해수 순환의 원동력으로 작용하며, 동쪽으로 더 흘러서 인도양과 태평양의 심층에도 바닷물을 공급한다(《그림 12-3》).

남극순환류의 유속은 극전선 부근에서 초속 15센티미터까지 빨라지지만, 평균적으로는 초속 4센티미터로 느린 편이며, 드레이크해협에서 지역적으로 제트기류가 형성되어 최대 1~2노트(=50~100cm/초)까지 관측되기도 했다. 남극순환류의 수송량은 부피가 엄청나게 크다. 전체적으로 초당 1.1억~1.5억 세제곱미터*에 이를 만큼 거대한 수송량으로 남극대륙 주변을 순환하면서 대서양과 인도양, 그리고 태평양에 심층 해수를 공급하고 있다.

---

* 이것을 110~150Sv(1Sv=1,000,000m³/초)로 표현하기도 한다.

한편, 태평양의 북쪽 끝은 좁은 베링해협을 통하여 북극해와 연결되어 있으나 베링해협을 제외하면 육지로 막혀 있고, 인도양은 지리적으로 북반구의 중위도 이하에서 아예 육지로 가로막혀 있기 때문에 태평양과 인도양은 대서양에 비해서 심층순환이 상대적으로 덜 역동적이라고 할 수 있다.

바닷물의 물리적 특성을 규정하는 요인에는 수온, 염분, (수온과 염분의 조합에 의해 결정되는) 밀도 그리고 용존산소량이 있다. 수온이 낮아지거나 염분이 높아지면 밀도가 커지는데 이렇게 주변보다 더 무거워진 바닷물은 주변의 가벼운 바닷물 아래로 이동하는 흐름이 형성되기도 한다.

해류를 직접 관측하기 어려운 경우에는 해수의 특성을 측정하는 기기를 수중에 장기간 매어놓은 뒤 자동으로 측정하여 이때 기록된 해수의 물리적 특성을 분석하여 해류의 순환을 간접적으로 계산하기도 한다.

순수한 물은 대기가 1기압인 섭씨 0도에서 얼지만, 불순물(염분)이 녹아 있는 해수는 어는 온도(빙점)가 약간 낮아진다. 남극대륙의 웨델해와 로스해에서 냉각과 결빙작용으로 무거워진 '남극 표층수'가 대륙사면을 따라 가라앉을 때의 수온은 거의 영하 2도에 이른다. 그 이유는 바로 수중에 녹아 있는 불순물(염분)로 0도 이하의 수온에서도 얼지 않고

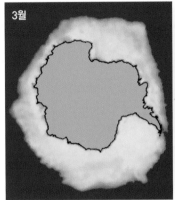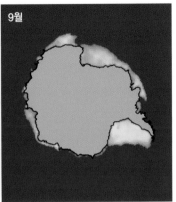

그림 12-2 남극대륙 주변에서 3월(왼쪽)과 9월(오른쪽)의 해빙 분포

흐르기 때문이다. 불순물은 물이 어는 데 방해가 되므로 불순물인 염분을 빼내면서 얼음이 형성된다. 즉, 얼음 주변의 바닷물은 결빙 과정에서 빠져나온 염분이 남극 표층수의 결빙 후 염분을 높임으로써 바닷물이 더 무거워지기 때문에 웨델해 표층에서 사면을 따라 해저면까지 가라앉아 저온고염의 '남극 저층수(Antarctic Bottom Water, AABW)'를 형성한다.

　웨델해와 로스해 표층에서 냉각 작용으로 가라앉은 '남극 중층수(Antarctic Intermediate Water, AAIW)'가 대서양과 태평양의 약 1,000미터 수심을 중심으로 적도 부근까지 흐르고, 표층에서 결빙작용으로 더 무거워진 남극 저층수는 남

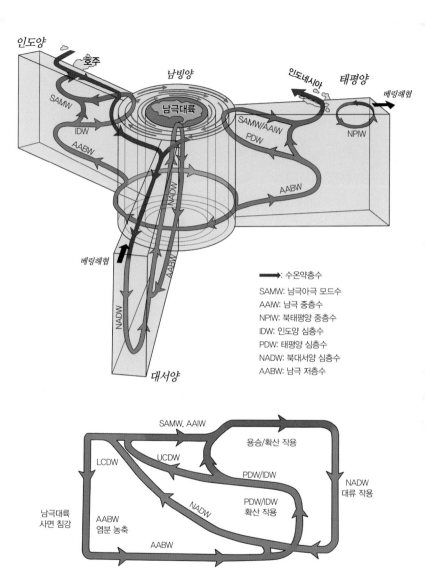

인도양

호주

남빙양

인도네시아　태평양

베링해협

남극대륙

SAMW

IDW

AABW

SAMW/AAIW
PDW

NPIW

AABW

NADW

베링해협

AABW

NADW

대서양

→ : 수온약층수

SAMW: 남극아극 모드수
AAIW: 남극 중층수
NPIW: 북태평양 중층수
IDW: 인도양 심층수
PDW: 태평양 심층수
NADW: 북대서양 심층수
AABW: 남극 저층수

SAMW, AAIW

용승/확산 작용

LCDW

UCDW

PDW/IDW

NADW
대류 작용

남극대륙
사면 침강

NADW

PDW/IDW
확산 작용

AABW
염분 농축

AABW

그림 12-3 남극대륙 주변을 감싸고 원통형으로 도는 남극순환류가 대서양, 인도양, 태평양에 저온고염의 해수를 공급하는 개념적 모식도(위), 대서양 단면에서 표층과 심층순환의 수괴 이동을 나타낸 모식도(아래)

극대륙의 해저면을 따라 가라앉아 3개 대양의 해저면을 거쳐 적도를 지나 북반구까지 해수를 공급하는 공급원 역할을 담당한다(수괴 이름은 〈그림 12-3〉 참조).

한편, 그린란드 주변에서 냉각 작용으로 가라앉은 해수는 대서양의 심층에서 폭넓게 퍼져서 적도를 지나 남극대륙 부근의 아열대 수렴대까지 흐르며, '북대서양 심층수(North Atlantic Deep Water, NADW)'의 일부는 해저면을 따라 북반구의 대륙사면까지 북상한 남극 저층수와 혼합 과정을 거친다. 인도양과 태평양의 저층에서 공급된 남극 저층수는 혼합 과정을 거치면서 각각 '인도양 심층수(Indian Ocean Deep Water, IDW)'와 '태평양 심층수(Pacific Deep Water, PDW)'로 상승하여 흐르면서 남빙양의 아열대 수렴대에 접근한 후, 남극 순환류의 일부로 각각 인도양과 태평양의 아남극 모드수(Sub-Antarctic Mode Water, SAMW) 또는 남극 중층수(AAIW)로 재순환한다.

13

대양 심층순환의 비밀

남극순환류: 대양 심층순환의 젖줄

대양 심층순환에 대해 미국 해양대기청(National Oceanic and Atmospheric Administration, NOAA)에서 제시한 '컨베이어벨트(conveyor belt)'의 개념이 요즘 들어 마치 엘니뇨 현상만큼이나 거의 대중화된 개념으로 통하고 있는 듯하다. '대양 심층순환' 또는 '열염분순환(熱鹽分循環)'은 밀도 차이에 따른 해류의 순환을 말한다.

그린란드 부근에서 냉각 작용으로 무거워진 해수가 대서양 서쪽에서 적도를 지나 남반구까지 흐르고, 남극대륙 동쪽의 웨델해에서 결빙과 냉각으로 무거워진 해수가 대서양 동쪽을 따라 적도를 지나 북반구까지 흐르는 대서양에서의 심층순환이 대양 심층순환에서 가장 역동적이다. 즉, 남극대륙 주변을 시계 방향으로 도는 '남극순환류'는 대서양, 인도양, 태평양에 바닷물을 공급하는 중추적 역할을 하며, 그중 대서양에서 가장 역동적인 심층순환을 이룬다. 그다음

인도양과 태평양을 연결하는 '인도네시아 통과류'에 전 지구 바닷물 수송량이 약 5~10퍼센트의 변동성을 보인다.

그린란드 부근 해역에서 차갑고 밀도가 높은 바닷물이 초당 2천만 톤의 속도로 해저 4,000미터로 가라앉는 침강류가 발생하고, 폭 100킬로미터가량의 이 거대한 침강류가 대서양의 심층에서 초속 10센티미터 이하의 매우 느린 속도로 흐르다가 남극대륙 극전선 주변의 침강류와 만나 두 갈래로 나뉘어 인도양과 태평양으로 흘러 들어간다.

해양물리학자 스토멜(Henry Stommel, 1920~1992)은 1958

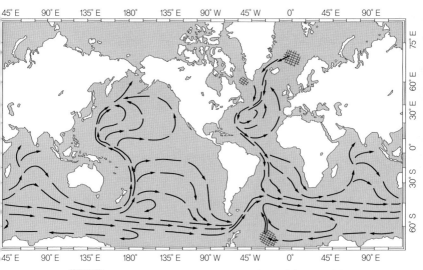

그림 13-1 대서양의 심층 해수 순환의 기원수인 그린란드 주변과 남극 웨델해(빗금 친 부분)와 표층해수 순환에서 스토멜(Stommel)이 추론한 심층순환의 초기 모식도

년 대양 심층의 열염순환을 나타낸 모식도(《그림 13-1》)에서,
그린란드 주변과 남극대륙의 웨델해에서 차가운 대기로 열
에너지를 빼앗긴 해수의 냉각 및 결빙작용으로 무거워진 해
수가 심해로 가라앉으면서 대서양의 심층순환을 주도하고,
인도양과 태평양에서도 심층의 서안경계류 개념을 최초로
제시했다.

　〈그림 13-2〉는 남극순환류를 중심으로 전 지구 대양의
표층수를 심층수로 운반하고 다시 되돌려 놓는 '컨베이어

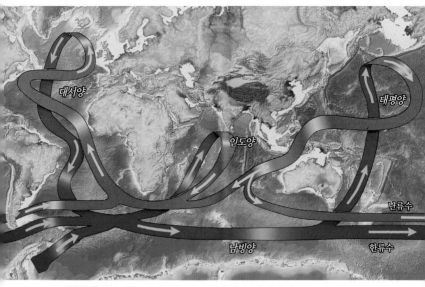

그림 13-2 대양 심층순환과 표층순환을 '오션 컨베이어 벨트' 개념으로 단순화한
모식도

벨트' 개념으로서 해수 중 화학적 추적자의 농도 분포에서 얻은 1987년 브뢰커(Wallace Smith Broecker, 1931~2019)의 제안에 근거한 모식도이다. 그는 화학적 추적자의 각 대양의 농도 분포를 바탕으로 고온저염의 표층해류와 저온고염의 심층해류 사이에는 저위도와 고위도를 오가면서 서로 혼합과 열교환이 이루어지고, 전 지구 대양을 순환하는 연결고리로서 컨베이어 벨트의 개념을 도입했다.

위에 제시한 두 가지 모식도에서 공통적인 점은 남극순환류가 대양 심층순환의 중추적 역할을 한다는 것이고, 남극대륙의 웨델해와 그린란드 주변의 냉각된 해수가 대서양 순환의 원동력으로 작용한다는 점이다.

해수면을 경계로 해양과 대기 사이에 열에너지와 물질교환이 이루어지는 것처럼, 해양의 표층(혼합층)과 심층 사이에서도 '수온약층'(또는 '밀도약층')을 경계로 열교환이 이루어진다. 중위도에서 고위도 지방으로 갈수록 일반적으로 수온약층의 깊이가 얕아지며 극지방에서는 해수면 위로 노출되므로, 다음의 〈그림 13-3〉과 같이 대기-표층해수-심층해수 사이에 열교환, 표층순환, 냉각과 침강, 심층순환, 수온약층으로 확산되는 '상자 모델'이 컨베이어 벨트 개념보다 열염순환의 고전적인 모델로 제시되어 왔다.

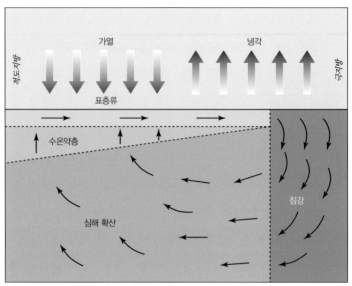

가열

냉각

적도지방

극지방

표층류

수온약층

침강

심해 확산

그림 13-3 대기-상층 해양-심층 해양 사이 열교환, 해류 이동, 침강과 확산 모식도

심층해류의 측정실험 방법

초기의 표층해류의 연구는 표류병이나 카드로 투하지점
과 회수지점 정보를 바탕으로 실험해 오다가 우연히 해난사
고를 당한 배에서 유출된 수많은 장난감 오리 따위가 세계
각지 해안에서 발견되어 표류병 실험보다 광범위한 증거를
확보했던 사례가 있다. 반면에, 심층해류는 표층해류보다 느
리고 3차원적으로 이동하므로 실험과 관측이 매우 어렵고

제한적이어서 표층해수 순환 지식에 근거한 개념적 모델에 의존할 수밖에 없었다. 그런데 1960년대 수소폭탄 실험으로 생성된 삼중수소가 대양의 심층으로 퍼져나갔고, 삼중수소의 농도 분포로 심층해류의 유속을 간접적으로 측정하기도 했다.

대양의 심층해수 순환에 관해 아직도 밝혀지지 않은 많은 부분이 여전히 존재하며, 그 비밀을 풀기 위한 방법으로는 1) 해류계를 원하는 여러 지점에 고정해 놓고 오랫동안 관측하거나, 2) 일정 범위의 수심에서 자유자재로 표류하도록 고안된 심층 뜰개를 필요한 개수만큼 바다에 투하하거나, 3) 수온, 염분, 밀도, 용존산소량, 삼중수소 분포 측정 이외에 '생지화학 추적자 실험' 또는 농도 분포를 측정하거나, 4) 해수 유동과 생지화학 추적자 성분을 결합한 대양 순환의 컴퓨터 수치모델을 이용하여 재현 또는 예측실험을 하는 방법 등이 있다.

최근 수십 년 사이 지구온난화로 극지방의 빙하가 녹으면서 해수면이 상승하고, 담수가 유입되어 밀도가 낮아져 침강류가 줄어들어 해수의 환류(gyre)순환이 약화되는 경향을 보이고 있다. 방사능과 중금속, 미세플라스틱 등에 의한 해양환경 오염은 해양수산생물의 변종과 멸종을 포함하여 인류의 현재와 미래를 크게 위협하고 있으며, 이상기후와 해수면 상승의 주범인 지구온난화는 해양 산성화와 더불어 기후 조절자로서 심층 대양의 역할이 점점 중요하다는 것을 일깨워주고 있다.

산업혁명 이후 인류가 엄청나게 많은 화석연료를 태워 이산화탄소를 포함한 온실가스를 지구 대기에 방출함으로써 대기가 자정능력을 초과하여 지구온난화는 마치 가속 페달을 밟은 것과 같은 상태가 진행되어 왔다.

과거 100년 동안 관측된 자료를 분석한 결과 지구 평균 기온이 섭씨 약 1.5도, 표층수온은 섭씨 약 1도 상승했으며, 평균 해수면이 20센티미터 상승했다고 보고되었다. 특히 북서태평양의 표층 수온은 전 지구 평균치보다 두 배 이상 높게 나타났으며, 우리나라의 동해와 남해에서도 지난 50년 동안 섭씨 약 1.5도 내외의 상승 폭을 보였다. 이러한 상승 추세는 앞으로 더욱 빠르게 진행될 것으로 예측되고 있으며, 세계 각국은 온난화 추세의 폭을 줄이기 위해서 2050년까지 이산화탄소의 배출량과 흡수량(또는 기술적 저장량)을 같게 맞추어서 아예 탄소 배출총량을 억제하려는 국제적인 협력을 기울이고 있다.

해류와 해수 순환의 관점에서 살펴보면, 지구의 대양은

남극대륙을 중심으로 회전체처럼 도는 남극순환류가 대서양, 인도양, 태평양에 마치 거대한 '대양 컨베이어벨트'로 심층해수를 공급해주는 중심축 역할을 하고 있다. 이러한 심층순환 과정 중에 표층해수와 혼합과 열교환이 이루어지고, 다시 대기와 상호작용함으로써 열, 운동량, 물질교환이 시차를 두고 일어나는 하나의 유체 시스템이다.

지구온난화는 아열대 순환 해역이 고위도 쪽으로 점차 확장되고 있음을 의미하며, 이에 따라 대기 중 슈퍼태풍의 발생 빈도가 높아지고 '엘니뇨-남방진동(ENSO)' 현상에 의한 지구촌의 피해가 과거보다 점차 늘어날 것으로 예측된다. 해수면 상승의 여파로 열대 도서국의 침수뿐만 아니라 각국의 해안 저지대 침수와 침식이 늘어나고, 자연재해의 피해 규모가 해마다 증가하는 추세에 있다.

우리나라 제주도 해안에서는 지난 20~40년 사이 해수면이 약 10~20센티미터 상승했고, 특히 서귀포 해안의 경우 10년마다 평균 7센티미터 이상씩 침수되고 있는 것으로 나타나[*] 해안구조물이나 방파제 설계에서 해수면 상승을 반드시 고려해야 하는 필수요인으로 부상하고 있다. 우리나라 남해의 아열대화는 열대 어종의 북상 회유 분포확장과 열대

---

[*] D. Jeon (2008)의 논문 「한반도 해안의 상대해수면 변화(영문)」 참조

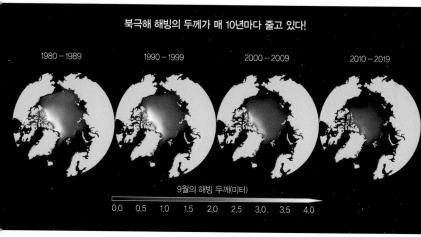

북극해 해빙의 두께가 매 10년마다 줄고 있다!

1980 – 1989　　　1990 – 1999　　　2000 – 2009　　　2010 – 2019

9월의 해빙 두께(미터)

0.0　0.5　1.0　1.5　2.0　2.5　3.0　3.5　4.0

북극해에서 9월 평균 해빙(海氷)의 두께가 점점 줄어들고 있음을 보여준다.

산호류의 남해안 서식 관측자료를 통해서도 이미 진행되고 있음을 알 수 있다.

한편, 지구온난화는 열대 해역의 강수량에도 영향을 미쳐 폭우에 따른 홍수와 범람의 증가 추세가 뚜렷하게 나타나며, 열대-아열대 어종의 북상 회유 한계와 산호 등 열대 생물이 우리나라 남해안에서도 발견되는 등 아열대 해역이 확장하고 있다. 인류가 방출한 대표적인 온실가스인 이산화탄소의 대기 중 농도가 지난 64년(1958~2022) 동안 35퍼센트 증가했으며, 국제적인 노력으로 2050년까지 이산화탄소 배출총량을 영(零)으로 억제하더라도 지구 평균기온의 추가적인 상승을 막기 어려운 상황에 이르렀다.

바다는 인류의 미래다. 인구의 폭발적 증가로 식량을 육지에서 조달하는 것은 이미 한계에 이르렀으며, 해양수산자원을 환경오염으로부터 보존하고 지속적으로 미래의 인류에게 먹거리를 제공해줄 수 있는 희망도 바다에 달려 있다. 세계 최강의 미국과 그 뒤를 바짝 추격하며 최강대국을 꿈꾸고 있는 중국이 배출하는 이산화탄소의 양은 지구촌에서 인류가 방출하는 이산화탄소 총량의 절반 이상을 차지하고 있다.

지구온난화와 환경오염으로부터 온전한 지구 생태계를 지킬 수 있는 유일한 방법은 개인의 방임과 각국의 배타적 이익보다 인류의 공존과 번영을 우선시하는 철저한 교육과 끊임없는 실천에 달려 있다. 그런 의미에서 홍익인간 정신으로 무장된 우리 민족이 미래기후의 조절자인 대양의 역할처럼 지구촌 강대국 사이의 편협한 역학 구도를 조절하고 안전한 지구를 지키기 위한 선도국으로서 책임을 다해야 할 것이다.

미래 기후변화에 적절히 대처하고 지구를 살리기 위한 구체적인 방안을 마련하기 위해서는 먼저 대양의 흐름을 속속들이 파악하고, 대기와 해양 사이에 열과 운동량, 물질을 주고받는 과정을 이해해야 한다. 이를 바탕으로 인류가 자연에 가한 환경파괴의 최종 하역장으로 전락한 바다를 되살리기 위한 실천적 운동을 전개해야 할 것이다. 지구 생명체의 근원인 바다를 제대로 알지 못한다면 이 모든 것을 실천하기 매우 어려울 것이다.

아직도 인류에게 여전히 미지의 세계로 남아 있는 대양 심층의 흐름과 순환의 이해는 태양으로부터 시작된 지구 생태계가 어떻게 진화하고, 해양-대기-육지-빙하 사이에 어떤 과정으로 물질교환이 이루어지는지, 미래 해양기후가 어떻게 변화할지에 관한 지혜를 인류에게 제공할 것이라는 점에서 미래 지구를 예측할 기본 지식이라 할 수 있다.

우리의 일상생활과 거리가 먼 것처럼 보이는 대양의 해수 순환이 미래 기후변화에 어떤 영향을 미칠지, 변화된 미래 기후가 해양에서 비롯된 자연재해 중 하나인 태풍과 엘니뇨에 어떤 변화를 가져올지를 예측하고 이에 대한 대비책을 마련하는 것이 지금 우리가 해결해야 할 시급한 과제라 할 수 있다.

변화된 미래 기후에서 자연재해의 위협을 줄이고 인류의 생존 방안을 찾는 것, 이것이 곧 인류의 공존번영이라는 사실을 잊지 말아야 할 것이다.

국립해양조사원. 2006. 바다 안내도. 발간등록번호 11-1520290-000159-01.

미국 국립해양대기청 NOAA 엮음, 김웅서, 전동철, 강형구, 이상훈 옮김, 2010. 바다의 비밀(Hidden Depth). 지성사.

스테판 폰드, 조지 픽커드(Stephen Pond and George L. Pickard) 지음, 윤재열 옮김, 1994. 해양역학입문(Introductory Dynamical Oceanography). 청문각.

전동철. 2010. 파도에 춤추는 모래알. 미래를 꿈꾸는 해양문고 12. 지성사.

톰 게리슨(Tom Gerrison) 지음, 이상룡, 강효진, 김대철, 이동섭, 이재철, 정익교, 허성회 옮김. 2006. 해양의 이해(Essentials of Oceanography). 시그마프레스.

Dongchull Jeon. 2008. Relative Sea-level Change around the Korean Peninsula. Ocean & Polar Research 30(4): 373-378.

Franciscus Gerritsen and Dongchull Jeon. 1997. Nearshore Processes and Littoral Drifts. Korea Ocean Research & Development Institute.

George L. Pickard and William J. Emery. 1982. Descriptive Physical Oceanography An Introduction (4th ed.). Pergamon Press.

Henry Stommel. 1958. The abyssal circulation. Deep-Sea Research 5(1): 80-82.

John R. Apel. 1987. Principles of Ocean Physics. International Geophysics Series, vol. 38. Academic Press.

Klaus Wyrtki. 1965. The average annual heat balance of the North Pacific

Ocean and its relation to the ocean circulation. J. Geophysical Research, 70, 4547–4559.

Lynne D. Tally, George L. Pickard, William J. Emery, James H. Swift, 2011. Descriptive Physical Oceanography An Introduction (6th ed.). Elsevier.

Neil Wells, 1997. The Atmosphere and Ocean. A Physical Introduction (2nd ed.). John Wiley & Sons Ltd.

Robert H. Stewart, 2008. Introduction to Physical Oceanography. Texas A&M University.

S. George Philander, 1990. El Niño, La Niño, and the Southern Oscillation. Academic Press.

https://www.wikipedia.org. Egyptian sun god Ra. online encyclopedia hosted by the Wikipedia Foundation.

| 그림 출처 |

〈그림 1–1〉: Jeff Dahl/https:commons.wikipedia.org/CC BY-SA 4.0

〈그림 4–3〉, 〈그림 4–4〉: 국립해양조사원 바다 안내도, 2006

〈그림 6–5〉: 국립해양조사원 웹페이지

〈그림 7–1〉(아래), 〈그림 7–2〉, 〈그림 8–1〉, 〈그림 8–2〉, 〈그림 12–1〉: *Descriptive Physical Oceanography*, Pickard & Emery 지음, 1982

〈그림 7–3〉, 〈그림 12–2〉, 〈그림 13–2〉, 〈그림 14–1〉: 『바다의 비밀』, 김웅서 외, 2010(미국해양대기청 NOAA 엮음, 2007)

〈그림 8–4〉, 〈그림 12–3〉: *Descriptive Physical Oceanography*, L. Talley 등, 2011

〈그림 8–5〉, 〈그림 11–2〉, 〈그림 11–3〉: *The Atmosphere and Ocean*, Neil Wells, 1997

〈그림 11–4〉: 미국해양대기청 NOAA 물리연구실 제공

(＊ 저자가 그렸거나 자유 이용 저작물은 표기하지 않음.)